Sara Repolho

Sousa Martins:
ciência e espiritualismo

IMPRENSA DA UNIVERSIDADE DE COIMBRA
COIMBRA UNIVERSITY PRESS

• COIMBRA 2008

Coordenação Científica da Colecção Ciências e Culturas
João Rui Pita e Ana Leonor Pereira

Os originais enviados são sujeitos a apreciação científica por *referees*

Coordenação Editorial
Maria João Padez Ferreira de Castro

Edição
Imprensa da Universidade de Coimbra
Email: imprensa@uc.pt
URL: http://www.uc.pt/imprensa_uc

Design
António Barros

Pré-Impressão
Tipografia Lousanense, Lda.

Capa
Susana Pires
Paralelos, 2008
Aguada s/ papel
Cortesia Galeria Sete

Print By
CreateSpace

ISBN
978-989-8074-46-1

ISBN Digital
978-989-26-0473-2

DOI
https://doi.org/10.14195/978-989-26-0473-2

Depósito Legal
279140/08

Os volumes desta coleção encontram-se indexados e catalogados
na Basedados da Web of Science.

ÍNDICE

AGRADECIMENTOS

Aos meus orientadores Doutora Ana Leonor Pereira e Doutor João Rui Pita, sempre conselheiros e bússolas certeiras

À família, companheiro e amigos, indelevelmente parte de mim mesma

A quem sempre me acompanha, guiando e orientando, sem palavras de agradecimento possíveis

À Engenheira Ana Paula, conversas e diálogos, sementes no terreno deste trabalho

Ao Sr. Presidente da Junta de Freguesia de Alhandra, Sr. Padre Gonçalves, Dr.ª Maria Luísa Albuquerque, Dr. Cunha Simões, Pestana & Filhos e Centros Espíritas, pela sua disponibilidade e colaboração

PREFÁCIO

Sousa Martins é uma figura ímpar da ciência portuguesa e é um dos vultos incontornáveis das ciências da saúde e da clínica médica em Portugal na segunda metade do século XIX. Médico mas também formado em farmácia, praticou a arte farmacêutica num estabelecimento de um tio em Lisboa, a Farmácia Ultramarina. Mas foi sobretudo no ensino e exercício da medicina que mais sobressaiu.

Sousa Martins viveu fascinado pela ciência, pela ciência do seu tempo. Manuel Bento de Sousa, em 1904, caracterizou-o como "um fiel, um devoto, um crente disciplinado" na ciência e que "em tudo se lhe submetia". Em 1910, Jaime Cortesão traçou Sousa Martins sublinhando que "em filosofia foi positivista, materialista e determinista-fatalista, tudo aquilo a que a superstição científica leva os que prezam a ciência para além dos limites do razoável". O seu interesse e paixão pela ciência foi focado por muitos autores seus contemporâneos. E, por isso, muito facilmente entendemos a paixão de Sousa Martins por Pasteur, um dos traços do seu perfil científico que nos é mais caro. Na verdade, Sousa Martins era um pasteuriano convicto e partilhou das ideias científicas do mestre francês que ela dizia que a memória dos homens nunca esqueceria e, por isso mesmo, Pasteur dispensaria qualquer estátua em que lugar fosse. Para Sousa Martins, Pasteur era um dos santos a adorar na vasta religião da ciência.

Sousa Martins transmitia a sua paixão pela ciência aos alunos da Escola Médico-Cirúrgica de Lisboa. Fazia também o mesmo a todos os que com ele contactavam de perto, mesmo não sendo alunos, dados os seus notáveis dotes oratórios e a sua capacidade de comunicação, ao que se sabe cativante ao extremo. Ficaram célebres as suas intervenções e, tantas vezes, as polémicas mantidas com brilho na Sociedade das Ciências Médicas de Lisboa.

Por isso, também não é de admirar que Sousa Martins cativasse fortemente todos os que a ele recorriam como médico. A sua capacidade de persusão, a sua paixão pelo outro, a colocação da ciência e da medicina ao serviço do Homem e do Bem vieram a transformar Sousa Martins num autêntico santo laico que continua hoje, mais de cem anos passados sobre o seu falecimento, uma figura de enorme popularidade e a quem muitos recorrem nas suas preces. Sousa Martins que não via na religião o caminho da salvação mas antes... na ciência. E, também por isso, a figura de Sousa Martins se torna ainda mais fascinante.

Podíamos também sublinhar aqui dos diversos trabalhos que publicou e das diversas missões científicas e profissionais que desempenhou, sendo de sublinhar entre várias publicações os seus interesses com as doenças contagiosas, não só do ponto de vista científico e clínico mas também do ponto de vista da saúde pública e doutrinal. Foi o relator da terceira farmacopeia oficial portuguesa, obra marcante na história da farmácia em Portugal.

A obra que agora se publica *Sousa Martins: ciência e espiritualismo* é da autoria de uma psicóloga de formação base — Sara Repolho — mas que tem na história, sociologia, antropologia da medicina, da farmácia e da saúde em Portugal alguns dos seus interesses científicos. E, por isso, é com naturalidade que a vimos desenvolver a temática Sousa Martins, dada a sua complexidade e comunhão de interesses. A obra é apresentada como se fosse uma biografia. Mas não uma biografia com recurso às fontes habituais das quais faz um enorme roteiro no final do livro. Para além das fontes manuscritas e impressas que a autora trabalhou com todo o rigor do trabalho inerente ao historiador da ciência, Sara Repolho recorreu a história oral, a entrevistas, à observação *in loco* dos costumes e hábitos, por exemplo na Casa Museu em Alhandra ou no cemitério local no jazigo de Sousa Martins onde anualmente se realizam autênticas peregrinações em torno do santo laico. Observou e interpretou, também, a vasta iconografia alusiva a Sousa Martins. A obra está redigida de um modo claro e acessível a todos, como se, na verdade, se tratasse de uma homenagem à clareza das palavras e dos argumentos de Sousa Martins.

Ao ser publicada esta obra, o Grupo de História e Sociologia da Ciência do Centro de Estudos Interdisciplinares do Século XX da Universidade de Coimbra-CEIS20, financiado pela Fundação para a Ciência e a Tecnologia-FCT, que apoiou a edição desta obra, divulga o resultado da pesquisa de uma investigadora deste centro iniciada no âmbito do projecto "História da Farmácia em Portugal (1900--1950) — I / HISTOFAR" e que actualmente se enquadra na actual linha de pesquisa "Ciências, tecnologias e práticas de saúde", na área de investigação "Práticas e tecnologias científicas e memória social em Portugal (1900-1950)".

João Rui Pita
Agosto de 2008

INTRODUÇÃO

1. Contextualização

Situa-se o objecto-alvo do nosso trabalho – Dr. José Tomás de Sousa Martins –
– na segunda metade do século XIX. Riquíssima época de cultura literária, marcada
pelo romantismo de Garret e Herculano, pela reacção anti-romântica pelejando contra
o ultra-romantismo, pela imposição do realismo e do naturalismo, nos principais
nomes de Eça de Queirós e Antero de Quental. O subjectivismo do Eu romântico
dá lugar ao retrato objectivo da natureza e da sociedade. Foram estes últimos movimentos – realismo e naturalismo – embebidos das doutrinas positivistas, da teoria
evolucionista e das descobertas e métodos da ciência da época.

Fica o século XIX, na sua segunda metade, marcado, pois, por descobertas nos
vários campos da ciência. Apontam-se, no campo da física, o princípio da conservação
da energia (Helmholtz, 1847), a descoberta das ondas hertzianas (Hertz, 1888), a
descoberta dos raios X (Roentgen, 1995). Na química, Mendeleev publica a tabela
periódica dos elementos (1869). No campo da astronomia, surgem as primeiras
fotografias lunares (De La Rue, 1857-59) e inicia-se o estudo da superfície solar (Lockyer,
1866). Dão-se enormes progressos na electricidade, nomeadamente com Thomas Edison
(dínamo, 1879) e Marconi (telégrafo sem fios, 1895). As ciências biomédicas dão importantes passos. Assumem particular importância Claude Bernard e a medicina experimental,
Spencer e o evolucionismo biológico, Pasteur e a microbiologia, Virchow e a teoria celular
aplicada à patologia, Darwin e a evolução das espécies, Mendel e as leis da hereditariedade, Lister e a cirurgia antisséptica, Miescher e a descoberta do ADN, Charcot e as
doenças do sistema nervoso, Kraeplin e a classificação das doenças mentais, Koch e a
bacteriologia, Freud e a psicanálise, Bismark e o Estado-providência, Pavlov e os reflexos
condicionados. São criados os primeiros sanatórios em zonas balneares do Mediterrâneo.
Com a criação da Bayer e da Ciba, surge a indústria farmacêutica.

Portugal, não lhe podendo ser apontada a característica das grandes investigações e
descobertas no campo científico, assume a receptividade das descobertas e inovações
estrangeiras. Durante este período, registam-se nas ciências biomédicas a criação do
Manicómio de Rilhafolhes, em 1848, (mais tarde designado por Hospital Psiquiátrico
Miguel Bombarda); a criação das cadeiras de histologia e fisiologia (1863) na Faculdade
de Medicina; a elaboração de uma nova farmacopeia; a fundação do laboratório de
microbiologia na Faculdade de Medicina (1886); a criação, em 1898, da Associação
dos Médicos Portugueses.

Contextualizado Sousa Martins, na sua vida física, nesta medicina de século XIX, onde assume um papel de destaque como um dos mais notáveis clínicos da época e personagem imprescindível nos debates dos serões lisboetas, apercebemo-nos, contudo que a sua aura ultrapassa os grilhões do tempo. Sousa Martins actualiza-se sistematicamente num culto popular centrado em torno da sua estátua em Lisboa e na sua Alhandra, terra berço.

2. Objectivos e Metodologia

Os objectivos deste trabalho consistiram, primeiramente, na caracterização de Sousa Martins enquanto médico e o seu papel dentro da medicina e da sociedade do século XIX. Procurámos, depois, compreender o culto que se gerou e que se mantém em torno da sua figura, colocando Sousa Martins no papel de santo. Por último, pretendemos encontrar edifícios teóricos que, lidando com o que poderíamos designar de paranormal, pudessem lançar luz sobre o fenómeno Sousa Martins. Foi, portanto, nesta dialéctica entre o homem de ciência e o santo do altar da devoção popular que se construiu este trabalho.

Como premissas, levantaram-se algumas questões: Até que ponto o facto de ser médico contribuiu para a construção da fama de santo? Quando surge a imagem de santo laico? Os textos científicos do próprio Dr. Sousa Martins trazem já alguma carga mística ou religiosa? Como o viam os colegas — antes e depois do falecimento? Qual a posição da hierarquia religiosa católica face ao culto?

As pesquisas de documentos na procura de respostas a estas questões centraram-se no espólio do Museu de Alhandra – Casa Dr. Sousa Martins, na Biblioteca Nacional e na Hemeroteca da Câmara Municipal de Lisboa. Como metodologia, recorremos à observação do culto no Campo dos Mártires da Pátria e no cemitério de Alhandra. Realizaram-se entrevistas ao pároco de Alhandra – Sr. Padre Gonçalves, à Drª. Maria Luísa Albuquerque, responsável pelo Centro Latino-Americano de Parapsicologia em Portugal, a crentes, em Alhandra e Campo dos Mártires. Foram realizados questionários a crentes e diversos centros espíritas. Estabeleceram-se contactos com o Dr. Cunha Simões, popular divulgador de Sousa Martins.

CAPÍTULO 1

Biografia de Sousa Martins

Espirito de luz radioso e peregrino!
Tão gentil para amar, tão audaz para a lucta,
Mixto de ingenua fé e de experiencia arguta
- Crendo como Platão, rindo como Aretino.

Que outra voz teve já um tal condão divino?
Tão meiga a consolar, tão subtil na disputa,
Branda na persuasão, no ataque resoluta,
Tão ardente no repto e tão doce no ensino!

Que ancia febril de Bem, de Bello e de Verdade,
De dar allivio á Dor e ao Ideal – realidade
Tens no olhar que perscruta e na fronte que scisma!

Debil com a Fraqueza e contra a Força – athleta;
Para a Scencia um vidente e para o Sonho um poeta;
Eis – ó alma de luz! – as cores do teu prisma.
(Cunha[a], 1904, p.1)

1.1 Águas do Tejo

Vila à beira do Tejo, a cerca de 30 km de Lisboa, Alhandra foi o berço de José Thomaz de Sousa Martins. Filho de Caetano Martins e de Maria das Dores Sousa Martins, nasce a 7 de Março de 1843 (ainda que, por engano, tenha sido registada a data de nascimento a 7 de Fevereiro). É o mais novo de quatro irmãos – Gertrudes, Maria Leonor, Caetano (que morre com um ano de idade) e José Thomaz. Aos três anos, Sousa Martins fica órfão de pai. Ao longo de toda a sua vida, é notório o estreito laço que mantém com a mãe.

Com dez anos, completa a instrução primária. Aos doze, parte de Alhandra para Lisboa, descendo o Tejo numa falua. É recebido pelo irmão de sua mãe – Lázaro

Joaquim de Sousa Pereira - farmacêutico, fundador e proprietário da Farmácia Ultramarina, "*tio amantissimo e desvelado protector*" (TELLES, 1904, p.65).

Sousa Martins prossegue os estudos no Lyceu Nacional de Lisboa. Paralelamente, auxilia o tio na farmácia, situada na Rua de São Paulo, sendo registado como praticante de farmácia aos 13 anos. Segue o curso de Ciências Naturais na Escola Polytechnica.

Ingressa na Escola Médico-Cirúrgica. Frequenta simultaneamente os cursos de Farmácia e de Medicina. Conclui o primeiro curso em 1864 e em 1866 o de Medicina, sempre com louvores e distinções.

Tem uma carreira ascendente e brilhante, como professor na Escola Médica, como clínico, particular e no Hospital S. José, como membro de inúmeras comissões e sociedades.

1.1.1 Recursos

A posse de recursos materiais por parte de Sousa Martins é uma das questões em torno das quais se levantam aspectos de incoerência. Imagem generalizada e amplamente difundida pelos seus biógrafos, é a de Sousa Martins como um homem pobre. No entanto, alguns aspectos parecem contrariar esta imagem. O pai de Sousa Martins era carpinteiro. Mas, a par da modesta profissão do pai, há a considerar o facto da habitação[1] onde nasceu e viveu Sousa Martins ter uma localização e um tipo de construção privilegiadas. Situa-se à beira-rio, possuindo dois andares e quintal. A família da mãe de Sousa Martins pertenceria a um estrato social superior ao do pai.

Diz-nos Bento de SOUSA[d] (1904, pp.6,8): "*Entrando pobre na vida, tão pobre que nem os meios de subsistencia tinha certos, necessario lhe foi acceitar a protecção de um parente remediado, que amigamente lh'a offereceu (...) Mas dos seus parentes, numerosos em todos os graus, nenhum possuia bens de fortuna (...) elle, professor e medico dos hospitaes, com proventos que mal chegam para a decencia de um homem só (...)*". Poderíamos levantar, no entanto, algumas questões. Sousa Martins teria ido para Lisboa não por falta de meios de subsistência, mas para poder dar continuidade aos estudos (dado que em Alhandra era possível apenas concluir o ensino primário). Por outro lado, questionar-se-ia a falta de recursos dos seus parentes – o tio que o acolheu era proprietário da farmácia Ultramarina... Sousa Martins adquire uma vasta clientela, grande parte de estrato sócio-económico baixo (e consequentemente com consultas gratuitas), mas não exclusivamente. Acumulando funções de professor, médico no hospital e em clínica privada, certamente não seriam, pois, tão escassos os seus recursos.

É referida a necessidade de Sousa Martins dar explicações no terceiro andar de um colégio, enquanto estudante. Note-se contudo que ele adquirira o hábito de fumar e, possivelmente, não querendo sobrecarregar o tio, procurava ganhar dinheiro para sustento desse hábito.

---

[1] Na antiga Rua do Caes, hoje denominada Avenida Sousa Martins.

Outro aspecto que vem colocar em causa a falta de meios é o facto de haver referência a uma sua propriedade (onde veio a falecer) – a quinta de Rio Gomes, próxima de Alhandra[2].

Poder-se-á, sim, afirmar que Sousa Martins seria um homem desprendido dos bens materiais. Com frequência, oferecia dinheiro aos doentes carenciados. O seu viver humilde, no sentido de eventualmente desprovido de conforto material, teria sido então uma opção. Evaristo Franco ilustra este seu modo de encarar a vida (FRANCO, 1949, p.278): *"Dominou-o inteiramente o sentimento de fraternidade humana. E foi tão coerente com esse ideal, que soube morrer pobre. Era socialista prático, quando os teóricos da ideologia principiavam a subir os degraus da tribuna, para lançarem apelos à consciência popular e incitarem-na a destruir as resistências contra o advento da nova era. O dinheiro, essa potência irresistível, no dizer de Dostoievski, jamais o impressionou. «Quanto às esmolas que deixava aos doentes necessitados, que a ele recorriam – escreveu Silva Carvalho – dava-se o mesmo que honrou em Cruz Sobral, recebia duns e, passado momentos, ia dá-lo a outros»."* No mesmo sentido, se encontram as palavras do Conde de SABUGOSA[a] (1904, p.191): *"elle era tambem o prodigo dos bens da fortuna, que, sem pensar no dia de ámanhã, gastava na unica intenção de praticar o bem. (...)"*. Deixava grande parte dos vencimentos ganhos na clínica dos "ricos", *"que pagavam generosamente os seus socorros"* (idem).

Para além dos gastos com os pobres da sua clínica, há breves referências pouco precisas relativas ao auxílio financeiro que Sousa Martins daria a alguém da sua família, alguém esse não identificado: *"Para salvar um parente de uma situação economica desesperada, sacrificou-se a um trabalho insano de clinica."*(BRAGA, 1904, p.61); *"(...)inexgotavel caridade, a sua extraordinaria abnegação. A ninguem mandou uma conta; gastou mais do que recebeu em pagar contas alheias. Pelo devido respeito á sua memoria, não dou explicação d'estas palavras, porque sei que, se elle ressuscitasse e as conhecesse, grande quebra soffreria a nossa amizade."* (FREITAS, 1904, p.234).

Gregório Fernandes, perante a atitude de Sousa Martins relativamente ao dinheiro (*«Fique certo que o dinheiro não é para mim um fim, mas simplesmente um meio; só me serve para o gastar»*), aponta ganhos que lhe proporcionariam uma vida desafogada, mas não lhe garantiriam *"um futuro livre de embaraços financeiros, quando a doença ou a velhice lhe batessem á porta"* (FERNANDES, 1904, p.487). Foi precisamente o que aconteceu quando Sousa Martins adoeceu. Descreve-nos Gregório Fernandes que houve amigos que pensaram em pedir ao Governo uma pensão que garantisse a Sousa Martins o sustento, numa altura em que não podia já trabalhar. No entanto, Sousa Martins não aceitou de modo algum a ideia de solicitação de auxílio ao Governo.

1.1.2 Moriente die... A partida

Quando parte para Veneza, na missão de representar o país num congresso sanitário (Fevereiro de 1897), Sousa Martins revela já debilidade. Teria sido já apanhado

---

[2] *"Nêste admirável Vale de S. João dos Montes, tão belo e tão verdejante, existem também outras quintas bonitas. Todavia, a mais histórica, que não a mais bela, é aquela onde morreu o grande sábio e alhandrense que foi o Dr. Sousa Martins."* (CÂNCIO, 1939, vol.III, p.415)

nas malhas da tuberculose. No regresso, passa por Paris, de visita ao Professor Bouchard. É com ele, que, por contágio, contrai gripe. A gripe ter-lhe-á acelerado o processo de tuberculose.

Aconselhado por médicos conceituados, retira-se a 8 de Maio para a Serra da Estrela, na expectativa de se restabelecer e conseguir ter algum descanso. É no entanto abordado por diversas pessoas que, sabendo da sua estadia nesse local, acorrem, querendo ser consultadas pelo médico.

De regresso a Alhandra, parece vir um pouco mais refeito, mas em breve são visíveis sinais de grande abatimento físico e psicológico. *"A depressão moral era, nesta occasião, evidentissima; e elle não a podia occultar."* (FERNANDES, 1904, p.495)

Contribuem para o agravamento da doença a morte de uma dedicada prima, conhecida por Tia Cândida, e a morte do cunhado, o médico Boaventura Martins, marido de sua irmã D. Maria Leonor.

Sousa Martins procura ainda ocultar aos amigos o seu estado, tendo-se generalizado a ideia de que ele próprio não sabia ao certo em que condições se encontrava. Diz, no entanto, Gregório Fernandes, médico que acompanhou Sousa Martins nos últimos dias, que ele não estava iludido. Após observação médica, Sousa Martins teria comentado: *"«Como vêem, o pulmão esquerdo não respira no seu lobulo superior, a nephrite caminha, o edema é grande nos membros inferiores, a amyosthenia não melhora, o coração vai perdendo a sua energia, o estado gastrico não é bom, o appetite fugiu: tudo isto é grave, e não posso ir muito longe."* (idem, p.496)

Sousa Martins falece às duas horas da manhã, de 18 de Agosto de 1897[3].

"Sousa Martins encarou a morte como um bravo e exhalou o ultimo alento com a serenidade d'um justo; pois quem, no derradeiro instante em que a luz fere a retina , não descobre, sequer, a sombra d'um inimigo, e, ao cerrar os olhos para todo o sempre, sente a consciência limpa de remorsos e rancores, morre em paz." (CORRÊA, 1904, p.57)

A sua morte teve um extraordinário eco por todo o país. Morrera afinal aquele que fôra na sociedade *"como um verdadeiro sol"* (LOPES, 1904, p.135), *"uma das figuras de mais prestigiosa influencia mental"* (BOTELHO, 1904, p.225). Diz Vicente Monteiro que toda a Nação *"levantava-se prompta a prestar logo homenagem á memoria do egregio cidadão, lamentando aquella perda incomparavel: e foram os Reis de Portugal dos primeiros a manifestal-o em termos tão sentidos e maguados que pareciam quebrar a pragmatica e a etiqueta official"* (MONTEIRO[e], 1904, p.506).

"Ufania de todos e idolo de muitos, o perdel-o aos cincoenta e poucos annos causou uma dor tão viva como geral; e, naturalmente, essa dor desafogou-se a todas as horas,

---

[3] *"Accendi uma vela e approximei-me da cama, illuminando-lhe o rosto. Não fez o minimo movimento. Chamei-o não me respondeu. Sacudi-o brandamente. Não mexia. Tomei-lhe o pulso e reconheci que este era lento e a impulsão fraquissima.*

Apressei-me em chamar a irmã querida, D. Leonor, que accorreu immediatamente.

O mesmo silencio ao appello d'esta! Nem sequer um leve movimento ou contracção!

Mais algumas respirações, - e o ultimo suspiro foi exhalado. Eram 2 horas da manhã de 18 de Agosto."
(FERNANDES, 1904, p.499)

durante muitos dias, nas conversações, nas palestras, nos jornaes." (SOUSA[d], 1904, p.12).
Surgem em catadupa notícias relativas à morte de Sousa Martins, nos diversos jornais da época.

"Á hora em que o nosso jornal vae para a machina chega-nos a sinistra e amarga noticia que, n'uma derrota de lagrimas irá por esse paiz fóra abalar de commoção as almas e inundar de prantos os olhos, de n'este instante se extinguir um dos mais coriscantes e altos espiritos que inda relampagueavam n'esta desgraçada terra de Portugal e de ter cessado de pulsar, em pleno meio-dia fecundo de esperanças, um dos mais nobres corações que n'este seculo tem batido em peito de homem."
(*Branco e Negro* – GUIMARÃES – Dr. Sousa Martins, 22Ago1897, pp.330-332)

"A redacção dos Archivos de Medicina presta homenagem, n'esta pagina, ao vulto eminente de Sousa Martins.
Em torno da illustre memoria saudosa do que foi nosso mestre, agrupamo-nos todos n'uma mesma commoção profundissima, n'um grande silencio respeitoso, que as lagrimas orvalham e os soluços interrompem."
(*Archivos de Medicina* – Sousa Martins, 25Ago1897, p.289)

"Abrimos hoje com uma pagina de luto para darmos logar d'honra á consignação de uma perda verdadeiramente nacional.
Referimo-nos ao fallecimento de José Thomaz de Souza Martins, clinico illustre e emerito que a um coração de finissimo oiro, reunia dotes d'intelligencia, vastidão de conhecimentos brilhantissimos, respeitados e venerados quer no paiz, quer no estrangeiro, n'esses certamente scientificos de todo o mundo, onde elle tão notavelmente soube honrar-se e a Portugal."
(*Cavacos das Caldas* – BELISARIO – Dr. José Thomaz de Souza Martins, 6Ago1897, pp.1-2)

"Lisboa está sob a mais dolorosa das impressões. Morreu lhe houtem um dos seus vultos mais eminentes: o dr. Sousa Martins! (...)
Com Sousa Martins desapparece da sociedade portugueza um dos homens que mais souberam honral-a, que mais lustre lhe deram, que melhor conseguiram provar ao estrangeiro as qualidades superiores da nossa raça no campo do talento e na arena da sciencia..."
(*Diário Illustrado* – Sousa Martins, 19Ago1897, pp.1-2)

"A egreja estava adornada de velludo preto e doirado, tendo o altar-mór espaldar doirado e negro e os altares lateraes ceriaes.
Ao centro da capella erguia-se uma eça, ladeada por seis tocheiros, sobre a qual foi collocada a urna funeraria e depostas as corôas e ramos.
Na porta da capella pendiam largas sanefas e crepe e desde esta até ao largo de Serpa Pinto estendia-se ao longo da rua uma passadeira de panno preto.
Estabelecimentos fechados; janellas e ruas replectas de povo, trajando luto."
(*Diário Illustrado* – Sousa Martins, 20Ago1897, p.3)

*"A sua morte constitue uma verdadeira perda nacional, pois, sem duvida algu-
ma, era elle a individualidade mais em evidencia entre a classe medica do paiz.
O seu nome citava-se como o d'uma celebridade, a sua opinião tinha fôros da
mais incontestada auctoridade."*
(Jornal de Notícias – Dr. Souza Martins, 19Ago1897, p.1)

*"Sousa Martins deixa um grande vacuo, que tarde será preenchido; pois é cer-
to que são raros os homens que possuam como elle possuia um tão extraordinario
conjuncto de faculdades intellectuaes e qualidades moraes."*
(Jornal da Sociedade Pharmaceutica Lusitana – Sousa Martins – 1897 11ª
série, 3, pp.141-146)

*"Quem nos diria a nós que tão cedo havia de se apagar o facho d'aquelle talento,
que nos envolvia a todos n'um mysterioso nimbo de admiração e de sympathia!"*
(Jornal da Sociedade das Sciencias Medicas – José Thomás de Sousa Martins,
1897, 61:9-10, pp.261-263)

*"Se temos de nos conformar com a fatalidade que nos persegue, se é irremediavel
a enorme perda do nosso idolatrado collega, ao menos que a sua memoria fique
gravada imorredoura no animo de todos os professores d'esta escola, tanto os
actuaes como os futuros. Sirva de exemplo solemne para ser seguido, e constitua
como um supremo ideal a que se deva aspirar."*
(Jornal da Sociedade das Sciencias Medicas – AMADO – [A propósito do
falecimento de José Thomás de Sousa Martins], 1897, 61:9-10, pp.263-264)

"Genio e genio verdadeiro!
*Cerebro potente que chegava para nós todos, que ainda sobrava, e só se conside-
rava incompleto e imperfeito a si proprio!"*
(Jornal da Sociedade das Sciencias Medicas – TAVARES – [A propósito do falecimento de José Thomás de Sousa Martins], 1897, 61:9-10, pp.264-265)

*"(...) a individualidade de Sousa Martins é extremamente complexa. Em dotes
de coração e de intelligencia não sei se alguem o igualava, mas com certeza
ninguem o excedia.*
A Sociedade das ciencias medicas perde em Sousa Martins o seu mais vigoroso esteio."
(Jornal da Sociedade das Sciencias Medicas - LEÃO- [A propósito do falecimento
de José Thomás de Sousa Martins], 1897, 61:9-10, pp.266-267)

*"Depois de depositada a urna no jazigo de familia fallaram o sr. ministro da
justiça, em nome do governo; couselheiro Silva Amado, pela escola Medico-
-cirurgica de Lisboa; dr. Daniel de Mattos, pela Universidade de Coimbra;
Luciano Cordeiro, pela Sociedade de Geographia; Eusebio Leitão, pela Sociedade
das Sciencias Medicas de Lisboa; Coelho de Jesus, pela Sociedade Pharmaceutica;
dr. Affonso, da Alhandra; dr. Frederico Laranjo; Jayme Ribeiro, em nome dos
estudantes da escola Medica; dr. Gregorio Fernandes e dr. Carlos Tavares."*
(Mala da Europa – Sousa Martins, 23Ago1897, p.3)

"Está de lucto a sciencia, veste crepes a medicina portugueza. Não pretendemos annunciar a morte do professor Souza Martins, porque a imprensa noticiosa transmittiu a todo o paiz a dolorosa noticia do passamento do homem a quem todo o paiz tanto deve. E poucas vezes se terá visto uma noticia d'estas produzir em profissionaes e profanos uma tão sentida impressão de pezar como a que pôz o lucto no coração de cada medico e uma instintiva saudade em quantos conheciam SouzaMartins ou tinham ouvido fallar da sua assombrosa individualidade."
(*A Medicina Moderna* – Souza Martins, Setembro 1897, pp.69-70)

"N'este momento, em que ao seu espirito se abriu toda a Verdade, fazendo-lhe reconhecer toda a insufficiencia da Sciencia na terra, que lhe herda apenas o cadaver, a alma do Mestre deve-se ter apresentado em toda a sinceridade, ou attrahido sobre si, pelo que fez de bom, as misericordias do Senhor. (...)
Souza Martins era incontestavelmente uma gloria nacional.(...)
A Patria perde um dos seus filhos mais prestigiosos, e a Sciencia um dos cultores mais dedicados e justamente appreciados."
(*A Nação* – Souza Martins, 19Ago1897, p.2)

"Alto, de feições amulatadas, cabello fortemente encarapinhado, rosto estirado, com dois a tres signaes pronunciados, nariz aquilino, bigode crespo, cahido, como d'um revoltado, olheiras profundissimas, aquelle todo era d'esses que conseguia impor-se, entre os collegas, entre os sabios, entre os amigos."
(*A Nação* – GOMES – Souza Martins, 19Ago1897, p.3)

"O enterro foi imponente, revestindo o commovedor espectaculo uma grandiosidade unica, da qual não se póde dar uma idéa. Foi uma homenagem sincerissima de saudade, respeito e gratidão. Toda a alhandra, gentes dos campos e povoações das visinhanças se encorporaram no funeral, acompanhando em piedosa romaria, o corpo do grande homem até à sua derradeira morada."
(*A Nação* – Souza Martins, 20Ago1897, p.2)

"Que vastidão de conhecimentos! que brilhantismo da phrase! que dedicação profissional! que limpidez de caracter!
Bem pudera a natureza isentar da lei da morte os homens assim, para que fossem atravez das gerações um exemplo perduravel a edificar a sociedade."
(*A Nação* – CAMPOS – Souza Martins, 22Ago1897, p.2)

"Toda a imprensa do paiz é unanime em deplorar este fatal acontecimento, tecendo os mais rasgaddos elogios aos talentos e ao caracter do grande sabio."
(*A Nação* – Souza Martins, 24Ago1897, p.2)

"(...) apesar de todos os boatos aterradores, espalhados estes ultimos dias, e especialmente hontem, custava-nos a acreditar que se extinguisse, de uma vez, aquella lucidissima intelligencia, aquelle espirito superior, o homem de bem e caritativo por excellencia, o professor e medico, que era uma das maiores glorias de Portugal e da sciencia.."
(*Novidades* – Sousa Martins, 18Ago1897, pp.1-2)

"Foi hontem, é ainda hoje, e será durante longo periodo, o thema forçado de todas as conversações, a morte prematura do insigne medico.
A politica, a maledicencia, as criticas aceradas, emmudeceram, para só se fallar na perda irreparavel que o paiz acaba de soffrer. A dôr foi geral e compungiu com a mais vehemente intensidade todas as camadas sociais. Todas o conheciam, todas sentiram o desapparecimento d'esse grandioso vulto."
(*Novidades* – Sousa Martins, 19Ago1897, p.2)

"Era um nome idolatrado em Portugal por quantos haviam sido tratados pelo medico, ensinados pelo professor. Fóra das fronteiras não havia nome de portuguez mais altamente considerado."
(*O Occidente* – Sousa Martins, 20Ago1897, pp.179-180)

"Bem sei quantos recursos de talento e de estylo se reclamam para escrever de homem como Sousa Martins, um cerebro cristallisado em diamante de innumeras facetas, um coração fundido em oiro do mais puro e fino quilate; bem sei que aquella encarnação de uma essencia quasi divina não pode ser condignamente avaliada e commemorada por quem rasteja no pó vil da humanidade (...)"
(*O Occidente* – Sousa Martins, 30Ago1897, pp.187-188)

"Ainda nos parece um sonho o desapparecimento d'este espirito, grande, extraordinario, raro.
Quem ha ahi que não sinta profundamente a morte d'este homem, d'este largo coração, d'este professor eximio, d'este clinico de raça? A sua vida interessa-nos, vida cheia de trabalho, de sacrificios, de luctas. Por que afinal, o dr. Sousa Martins, se foi em vida admirado e respeitado por todos, nunca logrou todavia descançar do arduo trabalho que se imposera."
(*O Popular* – José Thomaz de Sousa Martins, 19Ago1897, pp.1-2)

"Uma commissão de habitantes da Alhandra comprou uma peça de chita preta e forrou o chão desde a porta da egreja.
O aspecto das ruas era muito triste. As senhoras que estavam nas janellas choravam á passagem do prestito.
Todos os estabelecimentos da villa fecharam n'essa occasião.
No cemiterio era grande a agglomeração de espectadores, notando-se entre elles muitas pessoas de Villa Franca de Xira."
(*O Popular* – Dr. Sousa Martins, 20Ago1897, p.1)

"Quando um homem da estatura d'estes resvala na escuridão do tumulo, produz-se em nós como que uma paralysação dos sentidos. O desastre é de tal ordem, a impressão tão viva, a evidencia de catastrophe tão incisiva e brutal, que a alma fica como que atordoada e incerta, e mal se sabe onde ir buscar a expressão rigorosa e o dizer apropriado atravez dos quaes transluza a grandeza da nossa dôr."
(*O Século* – Morreu Sousa Martins!, 19Ago1897, p.1)

"Foi muito dolorosa a impressão que causou em todo o paiz a morte do sabio professor dr. José Thomaz de Sousa Martins.
A consternação foi geral, porque tambem eram geraes as sympathias de que gosava o illustre medico, pelo seu merito, pelas suas excepcionaes qualidades, e ainda pelo seu excellente caracter (...) "
(*O Século* – Sousa Martins, 20Ago1897, pp.1-2)

"Conquanto receada, temida dia a dia, á medida que se espalhava de boca em boca a noticia dos progressos da sua doença, conquanto os jornaes nada disses-sem para que não fossem as informações incommodal-o, a morte de Sousa Martins causou em toda a cidade a mais dolorosa impressão.
Era um talento brilhantissimo, um professor luminoso e estimado, um orador fluente e caloroso, um homem de bem affastado de todos os partidos da politica, um grande patriota e um grande liberal.
Bastava qualquer d'estas qualidades para impô-lo á consideração geral.
Mas Sousa Martins possuia-as todas, era um verdadeiro gigante intellectual e moral n'esta sociedade de pigmeus."
(*Vanguarda* – Dr. Sousa Martins, 19Ago1897, pp.1-2)

"Desceu já á ultima morada o cadaver de Sousa Martins. Desappareceu para sem-pre da scena do mundo esse talento brilhantissimo, esse coração d'ouro.
A sua falta continua sendo lamentada por todos indistinctamente, porque todos encontraram no medico e no homem um amigo sincero e dedicado nas miserias provocadas pela doença ou pela desventura.
A muitos restituiu a saude, a outros minorou a desgraça.
Por isso as lagrimas e as bençãos que lhe cerraram a campa mortuaria foram sinceras, foram vertidas bem do intimo d'alma."
(*Vanguarda* – Dr. Sousa Martins, 20Ago1897, pp.1-2)

Após a morte de Sousa Martins, levantaram-se alguns boatos, acerca da causa da morte. Suspeitas havia de que esta pudesse não ter sido natural, podendo ter-se tra-tado de suicídio[4]. Eis a descrição do que se passou na noite da morte de Sousa Martins, descrição esta feita pelo médico Dr. Gregório Fernandes.

"Conversou todo o serão", – e, proximo da meia-noite, pediu um copo d'agua com uma colhér de cognac.
Extranhei o pedido, porque, não costumando elle beber alcool, desejava saber com que indicação agora o fazia.

---

[4] Dezasseis anos antes, o próprio Sousa Martins escreve um artigo acerca do suicídio. Considera que é um acto da consciência íntima de quem o pratica, mas considera-o doença. E assume mesmo carácter de doença social, *contagiosa*, sendo o meio de propagação as notícias transmitidas pela comunicação social acerca de casos de suicídio. *"O instincto imitador que o homem revela em todos os seus actos, e a circunstancia de ser mais facil e por vezes mais attractiva a imitação do mal do que a imitação do bem, conspiram no triste sentido de darem o caracter epidemico a uma enfermidade que á primeira vista se afigura como intransmissivel."* (MARTINS^c, 1881, p.451)

«*Eu lh'o digo, me respondeu: o cognac com agua e este papel de bicarbonato de soda que aqui tenho (e cujo conteúdo deitou dentro do copo) concertam-me o estomago e livram-me de uma grande acidez que me tortura*»."
(FERNANDES, 1904, p.498)

Esse "papel de bicarbonato de soda" designou Evaristo Franco de "*droga misteriosa*" (FRANCO, 1949, p.305). Barros e Silva, comentando a descrição de Gregório Fernandes, faz notar que Sousa Martins "*nunca usava bebidas espirituosas; e há quem admita que tivesse pedido* cognac *como melhor veiculo de certas substancias. O pretendido bicarbonato – tem-se admitido também – seria morfina*" (SILVA[c], 1926, p.106).

Sousa Martins, na véspera da morte (17 de Agosto), passara o dia a escrever, em tons de despedida. Na opinião de Evaristo Franco, Sousa Martins saberia "*o número exacto de horas que lhe restavam, pois dependia da sua vontade limitá-las. Findo o extenuante trabalho, pediu que o deitassem no leito. Satisfeito o último desejo de homem civilizado, marcou mentalmente a hora de encontro com a morte.*" (FRANCO, 1949, p.304)

Uma das cartas que teria escrito fora dirigida ao Dr. José Eduardo de Oliveira. Teria sido também lida pelo Dr. Costa Sacadura que fixou a maior parte do conteúdo da carta e deu conhecimento dela. Surge referência a esta carta em Barros e SILVA[c] (1926, p.106)

> "*Meu caro Eduardo:*
> *Á hora a que esta carta lhe chegar ás mãos já eu devo estar, como diria o Tomaz de Carvalho, no seio do divino amor.*
> *Nesta luta entre o pulmão e o rim...........*
> *Ao seu espirito... esta minha resolução deve parecer-lhe natural, ao meu naturalissima.*
> *Receba o ultimo abraço do seu Tomaz*"

No *Diário Illustrado*, de 19 de Agosto de 1897, aquando da noticia da sua morte, surge um comentário interessante. "*Sousa Martins não comia havia 3 dias. Quando, ante-hontem sua irmã, a sr.ª D. Leonor lhe perguntou se queria tomar uma porção de leite, o enfermo exclamou: Não: só do dia 18 em diante é que posso tomar algum alimento.*" É precisamente na madrugada do dia 18 que falece.

Actualmente ainda se mantêm opiniões diversas quanto à causa da morte. Num recente programa da RTP (e polémico quanto baste), "Os Grandes Portugueses", – em que Sousa Martins, em sujeição à votação do público, alcança um 57.º lugar –, a causa de morte apresentada é o suicídio. "*Estudioso e combatente contra a tuberculose, acabou por se suicidar para não sucumbir à doença*"[5] Também na wikipédia (enciclopédia on-line)[6], em artigo relativo a Sousa Martins, havia referência ao suicídio, mas, após a recepção de críticas[7], o artigo foi corrigido e passou a constar: "*O Dr. Sousa Martins*

---

[5] http://www.rtp.pt/gdesport/?article=422&visual=3&topic=1
[6] http://pt.wikipedia.org
[7] "*A Wikipédia continua a divulgar informação mentirosa porque não se informa ou porque não lhe interessa. O Doutor Sousa Martins não se suicidou. Verifiquem a certidão de óbito e todos os documentos da época. Fazer o contrário é desacreditar este site.*"

faleceu de morte natural e isso pode ser provado pela certidão de óbito e pelos documentos da época que se encontram no Museu Sousa Martins em Alhandra."[8]

1.1.3 Descendência

Sousa Martins morre solteiro. Apesar de não ter casado, há registos da sua relação com as mulheres.

> *"(...) Sousa Martins amou as mulheres;(...) appeteceu-as e gosou-as masculamente, como quem da sua posse demanda a satisfacção e calma de um erothismo nervoso, a curtos prazos intermittente e exigente.(...) Em Sousa Martins, o amor teve o caracter eminentemente normal de uma reclamação simultanea dos sentidos e do coração: foi appetite e obedeceu, como tal, aos naturaes estimulos da plastica feminina; mas foi tambem sentimento, mais de uma vez inspirador de sacrificios."*
> (MATOS[b], 1904, p.328)

> *"A vida sem amor e sem prazer genesico parecer-lhe-ia uma burla estupida e cruel como uma sêde sem agua. E esta brava paixão pelas mulheres foi − no soletrar pacatinho de alguns criticos de cartilha − a fraqueza d'este forte, o calcanhar d'este Achilles..."*
> (LACERDA[b], 1904, p.308)

Apesar desta paixão pelas mulheres, lamenta Júlio de Matos que *"não concentrasse no amor de uma esposa generosos affectos que andou vagamente espalhando por anonymos regaços femininos."* (MATOS[b], 1904, p.330)

Morre sem que haja registo de qualquer filho. *"Não soube o que seja a suprema felicidade para um homem de coração, porque não estreitou nos braços, confiadamente, o pequenino corpo de um filho(...)"* (idem).

No Diário de Lisboa, no entanto, e já em 1930, surge um artigo intitulado "O professor José Tomás de Sousa Martins tem em seu filho um autêntico sósia" (Diário de Lisboa, 25/04/1930). O entrevistado, de nome precisamente José Tomás de Sousa Martins, declara-se filho (ainda que não legitimado) do Dr. Sousa Martins e afirma recordar-se do pai. Este morrera, tinha ele nove anos. No artigo, é dada ênfase à semelhança entre a fisionomia de José Tomás filho e a de José Tomás pai. Teria o filho servido de modelo aquando da realização da estátua no Campo de Santana, por Queiroz Ribeiro (*"a cabeça da estatua de Sousa Martins não é dele, é do filho. Foi o filho que emprestou a cabeça para eternizar no bronze a memoria do pai."*)[9] José Tomás é retratado como filho de Sousa Martins, mas como enteado da vida, a quem a sorte não bafejou, faltando-lhe meios de subsistência.

O Conde de Mafra, dias depois da publicação do artigo, dá uma entrevista ao mesmo jornal, afirmando estar convencido da não existência de filhos do Dr. Sousa

---

[8] A certidão de óbito apenas confirma o óbito e o local. Não aponta qualquer causa de morte.

[9] Parece um pouco duvidoso que este José Tomás tivesse servido de modelo, dado que, aquando da escultura de Queiroz Ribeiro, teria ele cerca de 14 anos...

Martins (Diário de Lisboa, 21/05/1930) Relata um episódio que presenciou na casa de Sousa Martins, em S. Pedro de Alcântara. Perante o comentário de alguém que afirmara haver um menino que gostava de se fazer passar por seu filho, Sousa Martins teria exclamado: *"Olhe, sr. F.: Se eu tivesse, já não digo a certeza, mas a mais leve suspeita de que um ente qualquer era meu filho, esse ente teria o melhor quarto da minha casa, um lugar permanente á minha mesa, e viria a ser dono de tudo quanto é meu!"*.

José Tomás, filho, contra-argumenta, em carta enviada ao Diário de Lisboa, carta esta publicada em 27 de Maio. Invoca haver testemunhas da sua recorrente presença junto ao pai (D. Maria Amália Vaz de Carvalho, Conselheiro António Cândido, Dr. Campos de Andrade, Dr. Costa Nery, Dr. Belo e Morais, Dr. João Luís Ricardo, Dra. Adelaide Cabette,...). Afirma ainda ter sido, quando jovem, auxiliado, assim como sua mãe, com uma pensão especial por parte da rainha D. Maria Pia, precisamente por ser filho do Dr. Sousa Martins. A carta ao Diário de Lisboa deixa transparecer claras notas de ironia e provocação –*" Estranho, contudo, que só passados 34 anos sobre a morte de meu pai venha alguem, e alguem da envergadura do sr. Conde de Mafra, interessar-se pela minha situação"* (ora, o Conde de Mafra na entrevista que dera não fizera qualquer menção de se preocupar com este senhor). José Tomás filho remata ainda: *"Termino, agradecendo ao sr. conde de Mafra o bem que me possa fazer, colocando-me onde aufira meios de subsistência, mais ou menos correspondentes à veneração que Sua Excelência consagra ainda ao seu grande Mestre e meu saudoso Pai"*.

Este homem, que se considerava filho do Dr. Sousa Martins, morre em 1935, e é novamente o Diário de Lisboa que disso dá notícia (10 Outubro de 1935). E cinco dias depois, relata que Sousa Martins (filho) deixa um filho – João Pedro Beltrão de Sousa Martins, de 13 anos. O jornal lança apelo ao Estado, para que se encarregue do rapaz. *"Não será possível ao Estado tomar conta desta criança, interná-la num asilo-Escola que não seja destinado apenas a anormais e fazer dele um homem? Respeitar, enfim, o apelido de família do Avô?"*. A resposta não tardou. No dia 17, dá conhecimento a redacção de que há já a promessa de o internarem num estabelecimento de ensino. E passados cinco anos, tendo João Sousa Martins 18 anos, vem o mesmo Diário de Lisboa apelar a que alguém lhe consiga colocação. É recebida na redacção, dois dias depois, uma carta de Maria Isabel de Sousa Martins Braga, desmentido a ascendência do rapaz. E parece ter ficado concluída a saga da descendência de Sousa Martins.

"Tenho a declarar-lhe que o meu tio, dr. José Tomaz de Sousa Martins, morreu solteiro, não tendo deixado filhos legítimos ou legitimados. Somos actualmente eu e a minha filha, as únicas representantes legitimas e directas do falecido dr. Souza Martins. Fui criada e educada por ele, até ao seu falecimento, completando depois a minha educação minha tia, D. Maria Leonor de Sousa Martins, irmã e herdeira do meu dito tio, com quem vivíamos, e da casa de quem depois casei com o dramaturgo Vitoriano Braga, há pouco falecido".
(Diario de Lisboa, 19 Setembro de 1940)

1.2 Traços de Personalidade

1.2.1 "Poderosa e complexa individualidade"[10]

Dos diversos relatos e descrições relativos a Sousa Martins, transparece a ideia de um homem que transporta em si uma constelação de qualidades harmonicamente entrelaçadas.

"(...) pois que, para o substituir, não bastará ter o talento que o distinguia, nem o saber que o possuia ,nem a primorosa elocução que tudo aclarava, nem qualquer das outras qualidades que nelle avultavam, cada uma das quaes era de sobra para a notabilidade de um homem; mas necessario será congraçar em harmonico equilíbrio todos os predicados, de que foi senhor, e ter, como elle tinha, o talento e o saber, a eloquencia e a graça, a critica e o bom senso, a força e a bondade, a audacia e a comprehensão da dignidade humana, que foram as polidas armas de tão estrenuo batalhador, os verdadeiros philtros de tão irresistivel encantador." (SOUSA[d], 1904, p.4)

Nas palavras de Maria Amália Vaz de Carvalho: *"mil expressões de um talento multiforme"* (CARVALHO[b], 1904, p.41).

Considerado homem de diversos dotes, é curioso atender à atribuição causal destes dotes, por parte de amigos e de quem com ele conviveu. Segundo Teófilo Braga, o acaso explicá-los-ia. *"A organisação excepcional do talento é uma floração humana, que não se sabe ainda como se produz e se cultiva; é um produto do acaso, um accidente inexplicavel e raro, que se manifesta imprevistamente, como um thezouro achado."* (BRAGA, 1904, p.59) Mas a mão de Deus surgiria também aqui, concedendo-lhe os dons, que ele sabiamente utilizou: *"Teve Deus para com elle munificencias especiaes, é certo, na inteligencia, na alma e no coração com que o prendou; mas no uso que elle fez d'esses dons é que está toda a sua obra"* (LOBO, 1904, p.94).

1.2.2 Intelecto e Coração

Neste entrelaçar de atributos, sobressaem valores intelectuais e valores morais. *"Benefica, elevada e consoladora foi a vontade de Sousa Martins, completo de todas as faculdades o seu entendimento, compassivo e bom o seu coração, forte e regido o seu caracter."* (SOUSA[d], 1904, p.21). *"Sousa Martins era querido de todas as classes da sociedade portugueza, e não podia deixar de o ser, como vulto de grandes proporções, quer o considerassem pelo lado intellectual, quer pelo affectivo. O seu cerebro valia tanto como o seu coração."* (idem, p.11)

Sousa Martins fora, desde sempre, detentor de uma poderosa inteligência. Gomes de Brito, colega de Sousa Martins no curso de Latim, quando este teria cerca de 13 anos, relata um interessante episódio decorrido numa das aulas (BRITO, 1904).

---

[10] CRESPO[c], 1904, p.101

Era lente o senhor Falcão. Inesperadamente, recebem a visita do rei D. Pedro V, que fez questão de assistir à aula. O professor, confiando nas capacidades de Sousa Martins, chama-o "à lição", e este corresponde inteiramente às expectativas com *"prodígios de sagacidade"* e provoca o elogio do rei aos métodos de ensino do lente.

Sousa Martins revelava interesse por diversas áreas – ciências, letras, artes, estando sempre a par das últimas novidades nos vários campos.

A par com as capacidades intelectuais, apontam-se-lhe desenvolvidos valores morais, de caridade, abnegação, sentimentos de lealdade e amizade. Uma alma *"absolutamente despida da mais leve, da mais tenue sombra de inveja"* (CARVALHO[b], 1904, p.47), *"essencialmente bondosa e desinteressada"* (CORRÊA, 1904, p.56), *"aberta para todo o bem, cheia de misericordia para toda a inferioridade"* (CAMARA[b], 1904, p.88). Sousa Martins vivera *"desprendido das pequeninas vaidades e miserias da terra, despresando os seus interesses materiaes, com uma abnegação verdadeiramente christã"* (LIMA[a], 1904, p.437).

Revela-se sensível às letras e às artes: *"para os bons versos, como para a boa musica, como decerto para todas as concretisações do Belo, o meu espirito vae encontrando tanto maiores encantos, quanto mais reincide na contemplação da Forma e na assimilação da Idéa"* (ARAÚJO[b], 1897, p.V - carta de Sousa Martins).

1.2.3 Febril actividade

Homem de mil e uma actividades, " *não perdera um só dia"* (SOUSA[d], 1904, p.4). Durante toda a sua vida, mantivera uma *"continua labutação"* (idem, p.6). Apesar de muitos afazeres, fora sempre metódico e pontual, de forma quase obsessiva. *"Os seus vizinhos podiam acertar os relogios verificando o momento em que elle sahia de casa."* (LOPES, 1904, p.148)

Por ter sempre tanto que fazer, era já caricaturada a sua forma apressada de estar. *"A velocidade era outro stigma do seu temperamento."* (LENCASTRE, 1904, p.366) Chegou a ser criticado por *"não saber escutar"* (MATOS[b], 1904, p.322). Sousa Martins falava de forma rápida e pouca paciência demonstrava para situações que lhe exigissem tempo. Dizia ele: *"«Um gago envenena-me a existencia; um surdo é capaz de dar comigo em doido(...)»"* (idem).

Ferreira Lobo considera que a individualidade de Sousa Martins se estrutura em torno de três grandes forças - a inteligência, o sentimento e a actividade *"habilmente combinadas e superiormente exercidas"* (LOBO, 1904, p.95).

1.2.4 Família - Redoma de Protecção

Sousa Martins teve uma estreita relação com a família – mães, irmãs e sobrinhos, sendo ele *"um modelo de dedicação"* (AYRES, 1904, p.289). Assume praticamente o papel de pai em relação a suas irmãs. É de realçar, sobretudo, a relação estreitíssima que manteve com a mãe, relação esta que é apontada como suporte da própria existência de Sousa Martins.

"A convivencia com a santa velhinha que lhe dera o ser; e por quem elle tinha a mais extremosa adoração, era o oasis, que lhe dava o refrigerio indispensavel para

prosseguir indefinidamente a sua viagem atravez do Sahara. Este affecto illimitado era o seu bordão de peregrino; era a chamma que o reconfortava; era a estrella, que lhe dizia – caminha!"
(VITERBO, 1904, p.118)

Maria Amália Carvalho descreve-nos um curiosíssimo jogo entre mãe e filho, filho este sempre criança dedicada e dócil no amor de uma mãe sempre protectora..

"A mãe tractava-o sempre como se elle fosse ainda o seu pequeno a quem acariciava, ralhava, governava... O filho, submisso e docil aceitava sorrindo as ordens, os pequenos caprichos tão tocantes, as decisões autocraticas que tinham a maior graça... Emquanto ella viveu, durante os longos annos em que Sousa Martins sahiu – numa velha carruagem de praça meio desconjuntada e guiada por um velho cocheiro mais desconjuntado do que ella – para a sua clínica cada vez mais numerosa, havia de ser sempre a mãe quem, ao almoço, com um gesto de leve enfado como quem diz – que gastador! – lhe desse a quantia destinada para pagar quotidianamente a extraordinaria equipagem! – Elle contava rindo este pequeno incidente diario da sua vida, tanto mais engraçado que era elle quem, pelas mãos de sua irmã, a santa e querida e nobre irmã que o tractou até à morte, mandava mensalmente entregar á nobre senhora, que por thesouro unico possuia o filho, o dinheiro que serviria para esse divertido jogo em que ambos acabavam por estar de boa fé."
(CARVALHO[b], 1904, pp.43-44)

Com a morte da mãe, em Janeiro de 1890, Sousa Martins entra em profunda depressão. *"Morta sua mãe, Sousa Martins, como o crente a quem roubassem um secreto amuleto, declara-se desamparado, sem rumo na existencia, sem finalidade. A sua dor (...) implica uma verdadeira crise moral, tormentosa e perturbadora."*(MATOS[b], 1904, p.325). Descreve-nos Evaristo FRANCO (1949, pp.295-296) as palavras de Sousa Martins: *"Metade da razão da minha existência acaba amanhã com o seu funeral. Sinto que esta morte cavará fundo na minha existência. Os que me supõem animado de vaidades ou orgulhos, que expliquem o meu excessivo lidar, enganam-se. Eu sempre vivi automaticamente para os outros e desses o primeiro e maior era a minha boa mãe».* Depois da partida da mãe, *"morreu nelle qualquer cousa que era um encanto singular da sua alegria, uma nota viva do seu riso"* (CARVALHO[b], 1904, p.44).

1.2.5 O Orador

Uma das características indelevelmente associadas a Sousa Martins é o dom da palavra. Sousa Martins foi um fenomenal orador, que pela palavra dominou. Bento de SOUSA[c] expressivamente comenta que se incarnava nele *"o demonio da eloquencia"* (1893, p.66). Diz Alfredo Luiz LOPES (1904, p.140), citando o Professor Joaquim Theotonio da Silva,*"a sua bocca era mais feliz do que os cadinhos dos alchimistas, pois sabia transformar em ouro os metaes ainda os mais somenos".* São disso os diversos testemunhos que aqui registamos.

"Notava-se nesse talento, e com isto se singularisava, uma exuberancia, que em tudo borbulhava, - exuberancia de conhecimentos, de idéas, de fórmas expressivas; e como houvesse nelle uma receptividade prompta para as minimas impressões, e fosse o seu organismo dotado de uma sensibilidade fina e reactiva, era para ver, principalmente diante de intelligente publico, como os seus principios e pensamentos, outros associados que d'estes nasciam, e ainda outros no momento gerados pela instantanea sensação de tudo quanto fosse visivel ou audivel, para ver, digo, como tudo lhe saía em borbotões de uma palavra sonora e segura, que parecia desprender-se do orador para correr por sua conta, sendo elle o primeiro que o reconhecia e ás vezes o temia, qualificando-a de indomavel."
(SOUSA[d], 1904, p.21)

"Corria-lhe a oração como um rio caudaloso, e nas margens d'esse rio ia elle pondo uma continuada bordadura de vergeis floridos em conceitos, chistes e epigrammas. Isto quando fallava sem paixão, - porque, se lhe molestassem o amor proprio, secava num momento o rio, e, do espirito em vulcão, só espadanava a lava cadente, que tudo abrasava. Quando o rio ia correndo, nem sempre manso, e nunca sereno, a bordadura, de que fallo, era tão variada de imprevistos accidentes, que parecia ser elle, que a si mesmo se interrompia levantando os apartes; e esta era a rara originalidade, peculiar d'elle (...)"
(SOUSA[d], 1904, p.22)

"Á extrema facilidade de conceber com extranha rapidez, e á sua scintilante imaginação, alliava o dom de se expressar por uma fórma engenhosa, fina e humoristica."
(LOPES, 1904, p.136)

"...Martins, não perdia de vista o seu objectivo: repleto de raciocionios, de conhecimentos scientificos, de factos averiguados, de phrases litterarias, atirava tudo a mãos-cheias sobre os que o escutavam, esmagando-os sob o peso dos seus chistes, picadas d'alfinete, estocadas, tiros, encontrões, que de tudo se servia aquella imaginação excessiva, para ferir o adversario ou o assumpto. Lançado na impetuosa corrente d'uma verbosidade incomparavel, não era mais senhor de si, e ninguem como elle encontrava tantas palavras diversas para exprimir a mesma idéa, servindo-se successivamente de termos scientificos, termos de bom foro litterario, termos vulgares, pois todos esses meios lhe eram necessarios e ainda os acharia insufficientes para esvaziar o poderoso craneo. A sua oratoria deslumbrava e entontecia (...)"
(QUEIROZ[a], 1904, p.215)

"Era por esta forma impetuosa e galopante que, na sua funcção magistral de cathedratico, as theorias, as hypotheses, os systemas se succediam, em catadupas, n'um turbilhão estonteador, n'uma abundancia torrencial, em que o seu ardor de meridional punha um calor de convicção, persuasivo e quente, e a que um poder de expressão verbal, verdadeiramente maravilhoso, emprestava um encanto divino! Que sobrehumano orador, que supremo encanto, que exuberancia, que arrebatamento, que musica de palavra! Só ouvindo-o... — Eram estrallejantes pyrotechnías de phrases, rajadas de erudição, constellações de improvisos; eram

vigorosas esfusiadas de conceitos, com ironias e com acerto, ora leves, ora profundos; eram verdadeiras apoplexias de eloquencia...(...) Era como se os seus labios se fragmentassem em revelações de crystal, e a sua bocca de apostolo se esbagoasse em axiomas, que, cheios e cantantes, atropellando-se, vinham uns sobre os outros rolando a sua musica, por vezes zombeteira, e subito espipavam n'umma estrallada vibrante para o ar."
(BOTELHO, 1904, p.228)

Sousa Viterbo explica esta limpidez de raciocínio e o intempestivo ímpeto de orador pela *"aglomeração de conhecimentos preliminarmente adquiridos, continuada methodicamente, ou na silenciosa meditação do gabinete, ou na observação constante da sua fadigosa vida clinica e escolar"*. (VITERBO, 1904, p.111)

A par dos elogios, em muito maior número, é certo, Sousa Martins foi também, no entanto, apelidado de incoerente. Clemente dos Santos, n'*O Correio Medico de Lisboa*, e em resposta a uma carta recebida de Sousa Martins acerca de uma conferência realizada, afirma *"o sr. Sousa Martins foi incoherente. Não é isto para admirar, nem é a primeira vez que tal acontece..."* (SANTOS[a], 1871, 44). Jaime Cortesão considera que a incoerência seria inevitável em Sousa Martins, pois se, por um lado, recebera da educação científica uma concepção materialista-positivista, por outro lado, era super abundante a sua afectividade. O método experimental positivista chocaria com a sua *"tumultuosa imajinação"*. *"Estava Sousa Martins destinado a uma vida paradoxal, iludindo-se, contradizendo-se e desmentindo-se a todo o momento."* (CORTESÃO, 1910, 35).

1.2.6 O Escritor

Sousa Martins pode considerar-se escritor, pela quantidade de coisas que escreveu (centenas de cartas, prefácios de livros, relatórios...). No entanto, não deixou substancial obra concordante com a sua grandeza intelectual. Nas palavras de Teófilo Braga, *"Sousa Martins possuia todas as condições para ser um grande escriptor; além das ideias, e de um critério positivo exercido nas sciencias biologicas, e da arte de expôr com nitidez profissional , dispunha também de um vocabulário riquissimo, com redacção animada e opulenta. Mas estas mesmas faculdades desviadas de um objectivo fundamental, malbarataram-se por ahi em pequenos prologos a livros de outros escriptores, e em substanciaes relatorios"*. (BRAGA, 1904, p.61) Considera-se a sua principal obra a "Nosografia de Antero"[11].

---

[11] Ana Maria Martins aponta sérias críticas à obra, frisando, primeiramente, não haver qualquer intimidade entre Sousa Martins e Antero de Quental. Sousa Martins, para concretização da obra, pedira informações a Joaquim de Araújo, que, segundo a autora, também não seria amigo próximo de Antero (*"Quais eram aproximadamente as idades dos pais de Antero ao gerá-lo? O pai, o avô, ou alguém, do lado paterno ou materno, era trigueiro ou a família era loura? O Antero, na maneira carnal das suas funções genitais, teria tido algum «tic» especial por exemplo pela cintura, ou pelo pé ou pelos cílios ou pelas orelhas ou pelos dentes das mulheres? Em que ano morreu o pai? e a mãe?"* – carta de Sousa Martins a Joaquim de Araújo, cit. MARTINS[a], 1989, p.71). Realça uma série de inexactidões. Relativamente às alianças consanguíneas de que, segundo o médico, Antero teria padecido, diz Ana Martins: *"Esqueceu-se, nunca o soube (porque a convivência era nula) ou ninguém lhe disse que o bisavô de Antero casara com uma terceirense, o avô com uma madeirense e o pai casara em Setúbal com Ana Guilhermina da Maia, oriunda de uma família onde nunca entrara sangue ilhéu. Para ilustrar os malefícios das alianças consanguíneas não se pode dizer que tenha tido a felicidade de escolher modelo mais adequado."* (idem) Construída a teoria, o próprio Sousa Martins teria consciência da sua pouca solidez.

Se Sousa Martins sobressaiu inegavelmente como orador, os seus escritos, no entanto, não reflectem de igual modo a soberana capacidade demonstrada nos seus discursos. Apesar de João Jacintho Corrêa, considerar que *"nos escriptos de Sousa Martins tanto é para admirar a materia como a fórma"* (CORRÊA, 1904, p.55), há críticas à forma literária. *"Nos seus primeiros trabalhos a absoluta despreoccupação do estylo prejudica-o manifestamente; e nos ultimos, em que, pelo contrario, se descobre a procura de um modo de dizer pessoal e já trabalhado, ha, a meu ver, alguma coisa de frustre."* (MATOS[b], 1904, p.335) José de Lacerda chega a firmar que o pouco que escrevera *"é frustraneo e inferior"* (LACERDA[b], 1904, p.306). Afirma Teixeira de Queiroz: *"Não lhe corria tão facil e encantadoramente a penna, como a palavra lhe sahia luminosa dos labios grossos e sensuaes. Presumimos que seria este um dos serios desgostos da sua vida, pelo muito que apreciava a grande arte de escrever bem".* (QUEIROZ[a], 1904, p.216)

1.2.7 O Patriota

Adjectivado de *"patriota sublime"* (RIBEIRO, 1904, p.260), Sousa Martins era apreciador entusiasta dos símbolos da Pátria, nomeadamente da obra de Camões, *"Os Lusíadas"*. Participou efusivamente nas comemorações do centenário de Camões.

Aquando do *Ultimatum*, foi criada uma *Commissão de Subscripção Nacional*, tendo Sousa Martins sido eleito para a Comissão Executiva. Ingenuamente acreditara conseguir juntar-se um mínimo de cinco mil contos. Tendo apenas conseguido juntar-se cerca de quinhentos contos, Sousa Martins deu as suas economias (cinquenta moedas de cinco mil réis), crendo que os Portugueses seguiriam o seu exemplo. *"Mas o rico fez-se pobre, e o pobre fez-se pedinte."* (SOUSA[a], 1904, p.279)

Com os donativos recebidos, ainda que muito aquém das expectativas, foi possível comprar um navio, baptizado por Sousa Martins de "Adamastor".

Por motivos de doença, não pôde já Sousa Martins comparecer na cerimónia de entrega do *Adamastor* à Marinha de Guerra Nacional. Os colegas da Comissão enviam-lhe mensagem sentida: *"«No primeiro momento, em que a commissão executiva da grande subscripção nacional visita officialmente o «Adamastor», fructo do nosso amor pela patria, ergue-se perante nós a recordação saudosa do eminente caracter, do altivo patriota e do grande homem de sciencia, que entre nós foi guia, auxilio e inspiração."* (idem, p.284)

1.2.8 Humor

Era característica de Sousa Martins a utilização do humor. Alfredo Luiz Lopes, n'*Os bons dictos de Sousa Martins* (1904), relata episódios e situações em que Sousa Martins expressara o seu humorismo, espontâneo e contextualmente adequado.

"Alguns annos depois de acabar o curso, e sendo já professor distincto, discutia Sousa Martins certo ponto de medicina com um velho collega que o contradictava obstinadamente, repetindo-lhe varias vezes:
-«Não, não é isso. Se o senhor tivesse pratica, não tinha tal opinião».
Sousa Martins, irritado pela tenacidade das negativas á sua theoria, feitas sem apresentação de qualquer argumento, fechou a discussão perguntando ao teimoso interlocutor:

Ora, diga-me uma cousa: o collega antes de ter pratica, era só tolo»?"
(L OPES, 1904, p.143)

*"A um dos seus mais talentosos discipulos, que não se dedicára muito á parte pratica
das clinicas escolares, disse-lhe:
- «O senhor, ao passar pelas differentes cadeiras da escola, fez-me lembrar certos insectos
alados, que teem a propriedade de andar sobre a agua sem nunca molharem as patas»
Outro preconizava na sua these o emprego da musica como agente therapeutico,
e com tal enthusiasmo o fazia que Martins o levou a declarar que para todas as
doenças a musica era excellente remedio, com tanto que se lhe escolhesse o genero.
N'esta altura, o mestre perguntou-lhe engraçadamente:
-«Visto isso, diga-me lá o senhor, que aria tocará e em que instrumento, quando
quizer tratar um doente com pedra na bexiga?»."*
(idem, p.144)

*"Um dia um dos doentes, - por signal um bronco, que padecia de fheumatismo,
- queixou-se-lhe de que o companheiro de enfermaria, o da cama 36, lhe chamára
«estupido», cousa que no dizer dos enfermeiros originára grande altercação. Sousa
Martins, ao ouvir tal queixa, voltou-se immediatamente para o accusado, dizen-
do-lhe com ar intimativo:
-«Ó senhor 36, fique sabendo para seu governo, que aqui na enfermaria quem
faz diagnosticos sou eu»."*
(idem, p.145)

Este sentido de humor fazia de Sousa Martins o *"espirituoso conversador"* (idem,
p.136), tão apreciado pelos amigos.

1.2.9 Inatingível felicidade

Homem de actividade assombrosa, de reconhecidos talentos, de admirável consideração, poder-se-ia julgar um homem que atingira a realização e satisfação pessoais. Não
é assim, contudo, que Bento de Sousa caracteriza Sousa Martins. *"Não! O grande médico não foi um feliz, muito embora a alguns o parecesse e convencidos o dissessem."* (S OUSA[d],
1904, p.11) Bento de Sousa apresenta como motivo o facto da clínica não lhe permitir
ter tempo para aquilo que verdadeiramente gostava de fazer – a possibilidade de reflexão, o trabalho laboratorial, a verificação de teorias… Traça-nos a imagem de um médico desgastado pela sua profissão. *"(…) com proventos que mal chegam para a decencia de
um homem só, por mais parco e economico que seja, - que outra coisa havia de fazer senão
entregar-se a um trabalho continuo, que não era o da sua inclinação, e que por muitos annos
levou com boa cara, por ser polido e compassivo, mas para o qual, nos ultimos tempos, bem
viam os seus amigos que já não podia sofrear a desconsolada impaciencia?"* (idem, p.8).
Também Maria Amália Vaz de Carvalho, amiga de Sousa Martins, que de perto
com ele conviveu, entende que ele não foi feliz: *"(…)multiplicidade de occupações que*

o absorviam, que lhe fragmentava a vida e o inutilisavam para tanta cousa grande, e o torturavam pela inanidade e pelo inutil apparato; quando elle já não tinha tempo de viver, de jantar, de conversar, de respirar quasi, quando a sua existencia de lufa-lufa e de pessoa consagrada se lhe tornou um martyrio execravel (...)" (CARVALHO[b], 1904, p.50). Contrasta este período com o de outros mais recuados, em que Sousa Martins tinha tempo para conviver saudavelmente com os amigos. Alfredo Luiz Lopes relata a alegre e humorista formação da "Sociedade de Bromatologia Practica", em Maio de 1888, que se traduzia num jantar de amigos, nas primeiras quartas-feiras de cada mês.

CAPÍTULO 2

SOUSA MARTINS, MÉDICO

"Por amor do proximo aliviar as miserias humanas, eis toda a moral e toda a finalidade da nossa profisssão, para crentes ou para leigos. Proferira-o já o médico grego quando disse: «Nenhum de nós pode amar a sua vocação senão com a condição de amar os homens»."
(JORGE[a], 1913, p.23)

2.1 A formação farmacêutica e médica

O exame de instrução primária, realizado no Lyceu de Lisboa, a 19 de Julho de 1853, cujo resultado alcançado fora "aprovado plenamente", é o início de longos anos de provas académicas e de sucessos conquistados.

A par com a prática farmacêutica na botica do tio, sempre avaliada positivamente por este[12], Sousa Martins foi notável estudante no Lyceu de Lisboa e Escola Polytechnica.

Em 1861, inscreve-se na 1ª cadeira da Escola Médico-Cirúrgica de Lisboa. Frequenta simultaneamente os cursos de Farmácia e de Medicina. Traça um percurso académico brilhante, conquistando prémios e distinções.[13]

---

[12] *"«Em 31 de outubro de 1857. - Este praticante tem feito progressos nos estudos preparatórios para a pharmácia (...)»*

«Em 14 de outubro de 1858. - Este praticante tem tido: progresso, muito; comportamento, bom.(...)»

«Em 27 de outubro de 1859. - Este praticante tem tido grande progresso na theoria e na pratica pharmaceutica e optimo comportamento.(...)»

«Em 28 de outubro de 1860. - Este praticante tem tido muito progresso e comportamento bom.(...)»

«Em 31 de outubro de 1861. - Tem tido progresso muito distincto, e comportamento bom em todo o sentido.(...)»" (SERRANO[f], 1904, pp.540-541)

[13] J. SERRANO[f], nas suas Notas Bio-Bibliographicas (1904), apresenta a listagem dos exames realizados por Sousa Martins e respectivas classificações.

Conclui o curso de Farmácia a 11 de Julho de 1864 e o de Medicina a 16 de Julho de 1866. Apresentou como tese de doutoramento "*O pneumogástrico preside à tonicidade da fibra muscular do coração*".

Ao longo da sua carreira, foi-se mantendo sempre actualizado no campo científico, nas diversas áreas[14]. Diz Maria Amália Vaz Carvalho: "*tudo seguia, tudo estudava, a facto nenhum definitivo se conservava alheio ou indiferente*" (CARVALHO[b], 1904, p.42).

> "*(...) elle nunca perdia uma occasião de se instruir, fosse na enfermaria, na consulta, na clinica domiciliaria, na casa de Morgagni, nos livros ou nas revistas, absorvendo com verdadeira soffreguidão tudo quanto podia torná-lo mais perito na sua arte, estando sempre ao corrente nos progressos que se realizavam, quer na medicina propriamente dita, quer nas sciencias subsidiarias.*"
> (MAGALHÃES, 1926, p.81)

2.1.1 O fascínio pela Ciência

Sousa Martins revelara sempre um fascínio enorme pela ciência. Bento de Sousa caracteriza-o como *um fiel, um devoto, um crente disciplinado, que em tudo se lhe submettia* (SOUSA[d], 1904, p.22). "*A sua fé na sciencia era nos ultimos tempos a mesma dos vinte annos, o seu denodo em professal-a o mesmo era.*" (idem, p.27). Até morrer, "*amou com fanatismo de crente essa sciencia enorme, essa sciencia inexgotavel, que lhe abria a cada hora um filão novo da sua mina mysteriosa* " (CARVALHO[b], 1904, p.43). A ciência inspirava-lhe um amor "*ardente, incondicional, quasi* fetichista" (CARVALHO[a], 1896).

Sousa Martins era um convicto seguidor do Positivismo.

> "*Em filosofia foi positivista, materialista e determinista-fatalista, tudo aquilo a que a superstição científica leva os que prezam a ciência para além dos limites do razoável.*"
> (CORTESÃO, 1910, p.34)

> "*Sousa Martins, não se contestará, inscreveu seu nome entre os dos seguidores mais ferventes do Positivismo.*"
> (MONTEIRO[d], 1904, p.196)

> "*Sousa Martins, em sua alma illuminada e amplissima, continuava abraçado a esse apagado materialismo, indemonstravel e indemonstrado sempre, por mais que se afigurasse o contrario á dominadora, mas illudida, grandeza do seu engenho.*"
> (MONTEIRO[d], 1904, p.199)

---

[14] "*(...) estudou a fundo a Physica, a Chimica, a Botanica e a Zoologia (...)*"
Tinha da Physiologia, então dominada por Claude Bernard, o conhecimento dos factos demonstrados, e a clara intuição do sentido em que depois se resolveram alguns dos seus mais duvidosos problemas. Conhecia, como poucos, a Materia Medica e a Therapeutica (...)
"*Era já profundo o seu saber em Pathologia Interna e conhecia todas as conquistas da Medicina Legal e da Hygiene.*" (TAVARES[c], 1904, pp.172-173)

Orador de extraordinários dotes e professor idolatrado, facilmente transmitia os seus pontos de vista e facilmente a sua concepção materialista era absorvida pelos seus discípulos.

"O facto que Sousa Martins não via, ou affectava não ver, era a influencia que elle proprio tinha nas tendencias materialistas para onde os seus discipulos d'esse tempo se inclinavam."
(Almanach Bertrand, 1924, 77)

Conta-se, e a propósito da influência exercida por Sousa Martins, uma cómica situação passada com um dos praticantes da botica da Farmácia Ultramarina, a quem Sousa Martins dava explicações. Certo dia, o rapaz pede a Sousa Martins um favor. *"É que eu tinha muita vontade de ser materialista, e queria que o sr. Sousa Martins me indicasse os livros onde hei de aprender"* (Almanach Bertrand, 1924, 76).

Para Sousa Martins, a Ciência assume-se como uma Religião. E em seus altares coloca Sousa Martins um santo - Pasteur (um *"revolucionario santo"*, nas palavras de Maria Amália Carvalho[15]). Sousa Martins defendera a teoria pasteuriana com o vigor d'um christão primitivo pela sua crença (QUEIROZ[a], 1904, p.221)[16] O discurso feito na Sociedade das Ciências Médicas, em 12 de Outubro de 1895 – *Commemoração de Louis Pasteur* - é uma verdadeira profissão de fé.

"É perante esta inestimavel grandeza que eu me reconheço, ainda mais do que ha pouco, se possivel é, propenso a transformar em risos os prantos e a entoar, emudecidas as nenias, hosannas em louvor e honra d'um canonisado santo da egreja da Sciencia."
Pois não escolhe a egreja catholica o aniversario dia do obito dos heroes da Fé, para enaltecer em magestosas solemnidades, a grandeza espiritual dos martyres do seu credo, dos defensores dos seus dogmas e dos apostolos da sua doutrina? Façamos nós outro tanto, a quem haja rasgado desapiedadamente uma parte do veu, que encobre os segredos da Verdade; aos heroes da Sciencia, aos que a ella sacrificaram quaesquer outros mundanos interesses, com detrimento proprio e universal proveito.
Seja no dia, ou a proposito, da sua morte, que nós os glorifiquemos, já que em vida os festejavamos predilectamente nos jubilosos anniversarios de seu nascimento. Será ou não será a Sciencia a religião dos seculos vindouros. Tenho para mim que sim, - quando ella possa disseminar as noções da Moral a ponto de se dispensar para esta outros meios de diffusão. Mas seja ou não seja assim, qual o motivo de consagrar a egreja, a cada santo, o dia do seu passamento? Esse motivo não é outro senão a crença de que no mesmo instante da morte, o espirito, que na Terra vagueára em mortal involucro, se alou por fórma a identificar-se na divina essencia; e d'essa maneira, com o celebrar-se o termo da terrestre peregrinação, celebra-se o advento

---

¹⁵ CARVALHO[b], 1904, p.42

¹⁶ Neste discurso, manifesta Sousa Martins possuir uma quantidade de conhecimentos acerca das teorias desenvolvidas por Pasteur, revelando a sua constante actualização e busca de conhecimentos científicos.

da immortalidade na Graça. Pois para os grandes da Idéa, o momento da morte inscreve o ponto em que as precarias e aleatorias condições da vida humana se trocaram definitivamete pela ressurreição na immortalidade da Gloria!
Como não ha-de o nosso espirito rejubilar-se então, com a certeza de que o beatificado nome de Pasteur se subtrahiu, de todo e para sempre, aos apaixonados julgamentos de rotineiras, ou por qualquer outra feição mesquinhas, creaturas?!
Gloria ao nome de Pasteur!"
(MARTINS[b], 1895, pp.9-10)

"Vae-se a Meca para idolatrar os tres pellos da barba de Mahomet.
A Jerusalem se vae adorar o Sepulchro de Jesus Christo.
Não tardará que a Paris affluam os crentes da Fé Scientifica, no só proposito de, n'essa moderna Babylonia, ajoelharem ante o inanimado corpo do Divino Mestre do seculo XIX.
Dirigir-se-hão, esses crentes, ao Instituto Pasteur - Sepulchro e Vaticano do seu glorioso fundador.
Eu, porém, se em alguma d'essas santas romarias me enfileirar um dia, desviar-me-hei para a rua de Ulm; - porque é lá, é no bendito laboratorio, onde chisparam os scintilantes raios do genio de Pasteur, que eu quero beijar o pó, que Seus pés pisaram!"
(idem, p.46)

Sousa Viterbo, comentando o elogio a Pasteur, apresenta Sousa Martins como *"o crente, quasi fanatisado, que vê no laboratorio do grande mestre a Mecca ou a Jerusalem, a Kaaba ou o Santo Sepulcro, onde os devotos da sciencia devem ir, uma vez na vida pelo menos, purificar a sua existencia terrena e acrisolar o seu amor pelo bem da humanidade"*. (VITERBO, 1904, p.120). Diz António de Campos Júnior, exaltando o discurso: *"Realmente nenhum cinzel de estatuario afeiçoando um bloco de marmore ou dando fórma a um collosso de bronze, e nenhum maestro em arroubamentos de inspiração genial, teriam erguido mais soberbo padrão, e glorificado em mais intenso hymno a figura radiosa de Pasteur do que a Palavra de Sousa Martins..."* (JUNIOR[a], 1904, p.355)

Sousa Martins era, por vezes, apelidado de *teórico*. Bento de Sousa afirma que Sousa Martins acreditava por vezes demais nas teorias, deixando-se levar *"pelo excesso do seu enthusiasmo e fé scientifica"* (SOUSA[d], 1904, p.10). No entanto, apercebendo-se de qualquer erro, imediatamente o assumia e corrigia. E perante os factos que contestassem qualquer teoria, abandonava a teoria[17].

2.2 A actividade clínica

Desde concluído o curso, Sousa Martins exerceu clínica privada, que manteve até final da vida. Sousa Martins adquire rapidamente reputação e atende vasta clientela.

---

[17] *"Nunca o vi subordinar os factos a theorias: observava primeiro, e theorizava depois. Não tinha espirito de systema: se os factos contradiziam a theoria, punha-a de banda."* (MAGALHÃES, 1926, p.95)

Em 1874, é nomeado médico extraordinário do Hospital de S. José. Em 1883, é promovido a médico ordinário do banco desse hospital e, em 1885, é nomeado director de enfermaria (a *sua* enfermaria de S. Miguel[18], que passou – depois da sua morte - a designar-se enfermaria Sousa Martins). É neste contexto de enfermaria que Sousa Martins afirma a sua autoridade enquanto clínico, nos complicados casos dos leitos da enfermaria.[19] Ainda que pertencendo ao quadro do Hospital, Sousa Martins critica publicamente a administração, defendendo a competência e o supremo interesse pelo doente.[20]

Juntamente com dois sócios – Bettencourt Pitta e José António Serrano – gere a Casa de Saúde Lisbonense, sendo Sousa Martins responsável inicialmente pelo serviço de *"molestias nervosas e alienação mental"* e depois pela clinica medica, com Bettencourt Pitta.[21] A instituição é encerrada, por comum acordo dos sócios, em 1895.

Exerceu clínica igualmente na Polyclinica de Lisboa, fundada por D. Antonio de Lencastre, em 1891. Esta polyclinica oferecia consultas gratuitas à população desfavorecida. Sousa Martins foi o responsável pela consulta de doenças cardio-pulmonares, entre 1891 e 1893. A polyclinica encerra em 1894.

Por alvará de 31 de Outubro de 1888, recebe fôro de médico honorário da Real Câmara de Suas Majestades e Altezas, e em 1894 torna-se médico honorário da Real Casa Pia de Lisboa.

Vários são os testemunhos da grandeza de Sousa Martins, enquanto médico: *"os clinicos experimentados e já affeitos ás difficuldades da profissão, que á cabeceira dos doentes lhe pediram o voto sobre questões graves da vida e da morte"* (SOUSA[d], 1904, p.5); *"Como clínico, Sousa Martins era uma verdadeira summidade. Observava minunciosamente os doentes pesquisando com grande sagacidade os differentes elementos morbidos, correlacionando-os chronologicamente e interpretando-os com tal mestria, que difficilmente se illudia"* (CORRÊA, 1904, p.55); *"reclamado para as angustiosas conferencias medicas e arriscadas operações cirurgicas"* (BRAGA, 1904, p.60); *"Observador sagaz, dotado de uma intelligencia maravilhosa e uma memoria das mais fieis, possuia um senso medico excellente. Num relance appreciava o conjuncto dos symptomas e apprehendia-lhes a ligação; com precisão e lucidez inexcediveis, desfibrava até á ultima o problema que se lhe apresentava; e abraçando na sua totalidade a marcha dos*

---

[18] *"A «enfermaria», para elle quasi a terra prometida."*(LENCASTRE, 1904, p.367)

[19] *"Os sessenta leitos d'essa enfermaria representavam invariavelmente sessenta casos distinctos e mais ou menos difficeis, - quasi sempre para lá mandados por collegas em attenção quer a incertezas de diagnostico, quer a responsabilidades therapeuticas. Lá se encontravam representadas as mais variadas doenças, incluindo as do systema nervoso, a que nos ultimos annos se entregára com desvelado interesse.*

Pois bem; era n'esse complexo e perturbante meio nosocomial, á luz crua da mais vasta publicidade e sob os olhos investigadores e experimentados de homens de sciencia, que Sousa Martins se affirmava o incomparavel clinico..." (MATOS[b], 1904, p.341)

[20] *"Que dedicação é a de quem, por inercia ou por incompetencia, despreza o estudo, na verdade aspero e a principio inglorio, das grandes questões geraes da economia hospitalar, para se entregar exclusiva totalmente á pratica de insignificantes mas numerosas reformas que antes parecem destinadas a evidenciar um novo poder de estado – o poder reformador – do que dirigidas no intuito de melhorar as condições de vida dos enfermos?"* (MARTINS[n], 1871, 423)

"O augmento da receita; eis o perpetuo idyllio da administração!

O dinheiro e só o dinheiro! Nós pediriamos antes: a competencia e toda a competencia!" (idem, 425)

[21] SERRANO[f], 1904, p.592

phenomenos morbidos e a situação presente, condensava, por fim, as suas observações num escorço vigoroso" (MAGALHÃES, 1926, pp.94-95); *"clinico de uma tal agudeza de olhar e de uma visão tão repentina dos mais reconditos segredos de um temperamento, que não ha hoje caso grave em Portugal em que se dispense a consulta d'este espirito rapido, perspicaz, primesautier, quasi divinatorio em muitos casos"* (CARVALHO[a], 1896).

Há, portanto, um reconhecimento público, tanto por parte da população-cliente, como por parte dos colegas de profissão, das capacidades de Sousa Martins, enquanto clínico[22]. Sousa Martins, segundo o Dr. Fernando Correia, fazia-se pagar pelos ricos como nenhum outro médico de Lisboa (as suas consultas chegavam aos quarenta mil réis). Alfredo da Costa considerou-o, mesmo, *"o chefe supremo da medicina"* (COSTA[a], 1904, p.252).

Este reconhecimento ultrapassava fronteiras. Maria Amália Carvalho relata que frequentemente os brasileiros que vinham a Portugal consultavam Sousa Martins. Segundo Thomaz de Mello Breyner, habitualmente, os doentes que se deslocavam ao estrangeiro para consultar a opinião de reconhecidos médicos levavam consigo relatório elaborado por Sousa Martins, em língua francesa. *"Todos os seus collegas de Portugal, e muitos do extrangeiro, o reconheceram como um grande medico"* (SOUSA[d], 1904, p.5). *"...Sousa Martins foi um dos portuguezes contemporaneos, cujo nome passou com maior gloria e luzimento para além da fronteira."* (FREITAS, 1904, p.231)

A formação e prática farmacêutica ter-lhe-ão sido de grande importância no exercício da clínica. *"A sua qualidade primacial, como medico, era a de ser um grande therapeuta, sabendo formular como poucos. O exercicio da Pharmacia durante alguns annos serviu-lhe de poderoso auxiliar..."* (FRAGOSO, 1904, p.127)

Característica sua – a forma apressada de estar nas situações –, mantinha-a no contacto com os doentes. Relata D. António de Lencastre:

"Em S. Christovão, tinha Martins um doente aortico, que regularmente visitava. Saltar da carruagem, subir a escada, ver o doente e ordenar-lhe continuasse o tratamento, era obra d'um momento. Um dia que Martins se dispunha a abrir a portinhola para repetir os mesmos actos, com a costumada velocidade, viu assomar a uma janella do rez-do-chão o seu doente de robe de chambre e respectivo barrete de borla, que lhe fez um gesto para suspender e diz-lhe: – «Sr. doutor, estou melhor, veja a lingua, (e mostra-lh'a), o pulso está regular, continúo o remedio, não se incommode mais, até ámanhã». E fecha-lhe a janella. – Esta graça fez de Martins amigo extremoso e pouco depois compadre do doente."
(LENCASTRE, 1904, p.371)

Sousa Martins, no percurso até casa dos doentes, revia mentalmente toda a história clínica, a terapêutica que receitara e os efeitos esperados. Assim, e dadas as suas

---

[22] Não se creia porém que não tenha havido situações em que as práticas e opiniões de Sousa Martins tenham sido postas em causa. Veja-se, por exemplo, o caso de febre amarela trazida pela barca Imogene, em que Sousa Martins foi acusado de ter negligentemente permitido situações que quebravam o regulamento de quarentena e de ter erradamente diagnosticado outros casos de febre amarela. (MARTINS[g], 1880)

excepcionais capacidades, no seu intelecto, "*uma só sensação, um só signal determina a concorrencia automatica de muito outros, – bastava-lhe olhar o doente para no seu aspecto, na sua attitude, no estado da lingua, etc., núm relance, apreciar justo a situação do doente e assim honestamente fazer as suas visitas instantaneas*" (idem, p.372).

Enquanto clínico, é de realçar o seu empenho no estudo e tratamento da tuberculose. Pugnou pela criação de sanatórios, considerando a Serra da Estrela como localização privilegiada para a sua criação, devido ao clima de altitude. Frisou a necessidade de políticas sanitárias eficazes na prevenção das doenças. Morrera antes de concretizar o projecto de publicação de um estudo sociológico, "*no qual doenças, que ja passaram de individuaes a sociaes, seriam descriptas umas e indicadas outras, investigada a sua mais recondita etiologia, e demonstrada a necessidade da ingerencia da medicina na legislação com mais latitude de acção e iniciativa do que ao presente lhe é dada*". (SOUSA[d], 1904, p.28)

2.2.1 Medicina Sacerdócio

Encontramos em Sousa Martins o exercício da medicina como sacerdócio.
A pedido da mãe, desde que iniciou a prática clínica, e até morrer, Sousa Martins manteve consulta gratuita para a população desfavorecida. A actividade clínica foi indelevelmente marcada pela prática da caridade. A grande maioria desta clientela gratuita eram varinas. Muitos doentes pobres eram-lhe enviados por colegas seus, sabendo que Sousa Martins nunca recusava nenhum paciente. Dizia Sousa Martins a Gregório Fernandes, médico e amigo, que "*os pobres tinham egual, senão superior, direito que os ricos, aos seus serviços*" (FERNANDES, 1904, p.485)

"*Praticou, com elevação inexcedida, a seria, a escrupulosa, a scientifica «caridade clinica», melindrosa e altissima virtude cuja falta é um opprobrio mas cuja posse faz do medico o que de mais puro e de mais nobre ha sobre a terra – um apostolo e um heroe.*
E tudo lhe sacrificou – repouso, saude e vida.
Dedicado, por egual, a todos os seus doentes – fossem elles principes ou párias, o Rei de Portugal e dos Algarves ou um pescador dos ditos, – a sua vida de medico foi um assombro de trabalho, uma lucta epica e sem treguas, da sciencia e da bondade contra a Doença e a Morte...
"(LACERDA[b], 1904, p.307)

"*Quantas vezes se ergueu do leite onde, adiantada a noute, o prostrara a fadiga e onde o fôra acordar a necessidade alheia, a que importava acudir com pressa! E elle lá ia levar o conselho pedido a seu saber profundo, a seu olhar sobre todos prescrutador e sagacissimo, palido, desfeito, por ainda não restaurado do trabalho opressor do dia findo, sem syllaba denunciadora de queixa nos labios desmaiados, sem gesto de amuo ou tedio no corpo debilitado e curvo!*"
(MONTEIRO[d], 1904, p.203)

Há, em Sousa Martins, uma real preocupação com o doente e o que poderíamos designar de *tacto* médico. Tanto ou mais do que o efeito real da medicação, age, no combate à doença, a presença e o cuidado do médico. Sousa Martins, para além dos processos físicos da doença, atende e compreende a importância dos factores psicológicos como factores de manutenção da doença ou como suporte de cura. Apesar de poder não partilhar das crenças dos doentes, respeitava-as. Diz José de Sousa Monteiro que vira Sousa Martins pendurar à cabeceira de um doente *"contas trazidas por filha de alma e coração devoto e bom para serem, em sua intenção piedosa, ahi dispostas, a tempo de lhe não ser já permittido abeirar-se do leito d'esse enfermo que era seu pae suavemente querido."* (MONTEIRO[d], 1904, p.205)

2.2.2 Relações com a homeopatia

Sousa Martins não acreditava na eficácia da terapêutica homeopática. Considera-a charlatanice, na medida em que explorava dinheiro ao doente e não tinha capacidade para responder a um processo de doença. Não considerava colegas de profissão os homeopatas, e *"a sua intransigencia ia até ao ponto de não acceitar talher em mesa a que um se sentasse"* (MATOS[b], 1904, p.340). À aceitação e prática da homeopatia por aqueles que detinham credenciada formação em medicina designava de «prostituição médica». Com estes quebrava abruptamente relações, nem lhes dirigindo palavra. Semelhante atitude cobria qualquer profissional que considerasse "mercenário", com interesse apenas no lucro e não no doente.

Com o seu apurado sentido de humor, metaforiza o funcionamento dos princípios homeopáticos:

"Os senhores não sabem o processo pelo qual os homeopathas deviam fazer o caldo de frango? pois eu lh'o digo. Pega-se na quarta parte de um frango muito pequeno, pendura-se n'uma janella, ao sol e por fórma que a sombra se vá projectar n'um litro de agua contido n'uma tigella. Ao cabo de dez minutos, está pronto o caldo; mas, querendo-o mais forte, vae-se diluindo com agua»."
(LOPES, 1904, p.146)

2.3 A actividade científica

Paralelamente à clínica, Sousa Martins exerceu diversas actividades, sendo comummente comentada a forma como conseguia ter tempo para todas elas.

2.3.1 Professor

Em 1868, vai Sousa Martins a concurso para preenchimento de uma vaga de professor substituto na Escola Médico-Cirúrgica de Lisboa. Fora admitido como candidato, para além de Sousa Martins, José Joaquim da Silva Amado.

Sousa Martins apresenta a dissertação *"A pathogenia á luz dos actos reflexos"*. Refere o *Jornal da Sociedade Pharmaceutica Lusitana* (1868) os resultados deste concurso, afirmando que Sousa Martins *"mais parecia um decano na sciencia do que um candidato a uma cadeira"*(139). Sousa Martins fora escolhido por unanimidade.

Xavier da Cunha apresenta-nos a descrição das reacções ao concurso.

Esse resultado, ficaram-n-o aguardando na Escola os estudantes todos, que ruidosamente irromperam numa fremente ovação aos membros do jury, quando apurados os votos se reconheceu haver sido eleito por totalidade de espheras brancas o idolatrado Martins.
E seguiram festivos em bando alvoraçados, pela rua abaixo, dando vivas e soltando acclamações.
Acudia gente ás janellas attonita, e paravam transeuntes, sem atinarem com a causa d'aquelle buliçoso contentamento que transbordava em catadupas de animação juvenil."
(CUNHA[b], 1904, p.470)

É nomeado Demonstrador da secção médica a 27 de Agosto de 1868.

Em Junho de 1876 é nomeado proprietário da cadeira de Pathologia Geral (já no ano lectivo anterior regera esta cadeira, pois oferecera-se ao Conselho para a reger gratuitamente).

O seu papel como professor é extraordinário e inultrapassável. Revelava elevada responsabilidade nas funções de magistério, extrema facilidade de transmissão de conhecimentos e de persuasão[23]. Os seus discípulos idolatravam-no, *"e ouviam-no, e applaudiam-no e seguiam-no com uma tal paixão..."* (SOUSA[d], 1904, p.5) Diz Alfredo da Costa que o seu ensino era *"uma bussola que como nenhuma outra orientava os alumnos na sciencia da vida".* (COSTA[a], 1904, p.247) Sousa Martins esclarecia qualquer dúvida e era tal a paixão com que falava e a forma como expunha a matéria que, acabando a aula, os alunos desejavam a próxima[24]. Derivava esta paixão do fascínio e da fé que tinha pela ciência, transmitindo aos seus discípulos a mesma fé. Acreditava Sousa Martins e fervorosamente transmitia a ideia de que o médico, na batalha contra a doença, tem o poder de *"trabalhar e agitar a materia organizada dentro do involucro que a reveste, como o chimico agita e decompõe a materia bruta dentro da retorta que a contêm".* (TAVARES[c], 1904, p.175)

Nele se conjugavam *"dotes scientificos, artisticos e pessoaes"*, criando o modelo de professor tipo, a *"entidade do mestre perfeito"* (SOUSA[d], 1904, p.12).

Mais do que um mestre, Sousa Martins é apresentado como um *"chefe de seita"* (SOUSA[d], 1904, p.2), um *"chefe espiritual"* (MATOS[b], 1904, p.317).

Assume, na Escola Médico-Cirúrgica, diversas funções: é nomeado para a comissão encarregue de redigir novo Regulamento da Escola, para a comissão revisora de contas e comissão do regimento das farmácias; rege esporadicamente as cadeiras de Clinica Médica, Medicina Legal, Matéria Médica; é nomeado secretário e bibliotecário da Escola.

---

[23] *"Seu espírito clarissimo impunha-nos como dogmas as verdades que nos ensinava. (...) Tudo na bocca de Sousa Martins assumia a clareza d'um theorema geometrico."* (CAMARA[b], 1904, p.89)

[24] *"Nunca um discipulo saiu da lição terminada, que não fosse desejoso da prelecção seguinte."* (SOUSA[d], 1904, p.27)

As relações com a Escola foram, contudo, abaladas ao ser-lhe recusada a regência da cadeira de Clínica Médica. Sousa Martins, a partir desse momento, e em sinal de despeito, deixa de tomar parte nos Conselhos.

2.3.2 Congressos

Sousa Martins participou em dois importantes congressos internacionais.

O primeiro deles realizou-se em Viena, em 1874, por convocatória do governo austro-húngaro, pretendendo-se debater a origem e propagação de epidemias, nomeadamente da cólera asiática. Para tomar parte nesta conferência sanitária internacional, é então nomeado delegado português, Sousa Martins, por portaria de 26 de Maio. Contava apenas, na altura, 31 anos.

Os seus dotes oratórios, associados à quantidade de conhecimentos científicos, fizeram brilhar a sua personalidade. Tendo ido a discussão o princípio das quarentenas marítimas e tendo este sido rejeitado, Sousa Martins intervém. Certo é que, após a sua intervenção, e numa segunda votação é aceite o estabelecimento das quarentenas marítimas, como forma de prevenção da epidemia. Quando no Ministério do Reino chega o telegrama a informar desta aprovação, conhecendo-se as iniciais tendências de opinião, consta que se terá comentado que se trataria de erro no telegrama.

O segundo congresso realizou-se em Fevereiro de 1897, em Veneza. Dada a propagação peste bubónica na Índia, receava-se que a epidemia invadisse a Europa. Foram convocados os estados europeus, o Egipto e os Estados Unidos da América. Sousa Martins, pela sua invulgar personalidade, torna-se centro das atenções. Por proposta e argumentação do professor Brouardel, Sousa Martins é nomeado para presidir à comissão de profilaxia na Europa. Pela forma como presidiu, recebeu os elogios dos delegados presentes

Afirma o Professor Brouardel: *"Nous eûmes tous l'impression que nous étions en présence d'une des personnalités médicales les plus autorisées à parler au nom de la science générale et les plus compétentes sur la question de la peste"*. (BROUARDEL, 1904, p.455)

No regresso de Veneza, Sousa Martins é surpreendido com um banquete em sua honra, organizado por Manuel Bento de Sousa, a 7 de Abril, no Hotel Bragança.

Sousa Martins, *"em todo a parte onde teve de fazer brilhar o nome portuguez, cumpriu essa missão de modo inolvidavel"*. (CARVALHO[b], 1904, p.43)

2.3.3 Farmacopeia

Dada a desactualização do Código Farmacêutico Lusitano (1835), tornava-se necessária a elaboração de uma nova Farmacopeia. Em Agosto de 1871, é nomeada a comissão responsável por essa elaboração.

Era a comissão formada por onze vogais - dois químicos, cinco farmacêuticos, três médicos e um com a mais valia de ser simultaneamente farmacêutico e médico – Sousa Martins, que assume funções de secretário e relator. Do trabalho desta comissão, surge pois, a *Farmacopêa Geral do Reino*, publicada depois como *Farmacopéa Portuguêsa* e datando de 1876.

Segundo João José de Sousa Telles, *"pode-se affirmar que Sousa Martins foi a alma d'aquella commissão"*. (TELLES, 1904, p.67)

Sousa Martins integrará mais tarde a comissão responsável pela elaboração do Formulário de Medicamentos para o Hospital de São José.

2.4 As actividades e funções de serviço público

Diz-nos Maria Amália Carvalho que a presença de Sousa Martins *"era então de um original e extranho encanto, de uma pittoresca originalidade"* (CARVALHO[b], 1904, p.45). Sistematicamente reclamado para aconselhar em complicados casos clínicos, para integrar comissões e sociedades científicas, Sousa Martins tinha, de facto, uma impressionante *"actividade sem limites"* (CORRÊA, 1904, p.53).

"A fama do talento do illustre professor propagára-se como onda sonora e elle não podia esquivar-se, por maior que fôsse o seu desejo de recatar-se e viver na obscuridade, ao appelo fervoroso dos que depositavam a mais absoluta confiança no seu saber, na sua pericia medica, na sua dedicação extrema. (...) A paciente consulta que realisava todos os dias em casa, gratuitamente, acolhendo com a maior affabilidade os doentes pobres; os variados e espinhosos deveres do professorado; o desempenho exacto de diversas commissões officiaes de que era incumbido; a visita ás enfermarias; a consolação levada todos os dias, com a sua presença, aos seus enfermos; as discussões nas sociedades scientificas, as palestras com os amigos, tudo isto ainda lhe deixava momentos de ocio que consagrava a numerosos escriptos, alguns recolhidos em opusculos e livros, outros esparsos, n'uma diffusão prodigiosa, pela imprensa medica."
(VITERBO, 1904, p.118)

2.4.1 Sociedades e Colectividades

2.4.1.1 Sociedade Pharmceutica Lusitana

Após conclusão do curso de Farmácia, em 1864, Sousa Martins é proposto para sócio efectivo da Sociedade Pharmaceutica Lusitana por José Tedeschi, presidente da Sociedade e professor de Farmácia.

Sousa Martins revelou papel activo na Sociedade Farmacêutica. Evidenciou a necessidade de rigor na elaboração das fórmulas farmacêuticas e propõe a obrigatoriedade de utilização do conta-gotas de Salleron. Manifesta-se contra a comercialização de *"preparados de composição secreta"* (FRAGOSO, 1904, p.127), considerando que as fórmulas dos preparados deveriam ser de conhecimento público, por uma questão de saúde pública. É relator de diversas comissões, presidente da Comissão de Saúde Pública, manifesta pareceres (cientificidade das fórmulas utilizadas para uso clínico no Hospital de Torres Novas, lei da saúde, efeito nocivo de um tipo de café) e propostas (contra imposição legal aos farmacêuticos para atenderem receitas durante a noite, sobre preços praticados e uso de banda pelos farmacêuticos militares, sobre a reforma do ensino farmacêutico).

Ao longo do seu percurso profissional, sempre defendeu a classe farmacêutica.

2.4.1.2 Sociedade das Sciencias Medicas de Lisboa

Foi proposto para sócio pelo presidente da Sociedade, Cunha Vianna, e por A. M. Barbosa, em 1867. Assume funções de relator, vice-secretário, integra diversas comissões, é eleito vice-presidente da Sociedade a 31 de Julho de 1875 e eleito presidente a 31 de Julho de 1897 – devido ao débil estado de saúde não chega a tomar posse.

É na Sociedade das Sciencias Medicas que Sousa Martins trava gloriosos combates oratórios – *"ia-se aos sabbados ao Pateo do Cadaval, na esperança d'alguma d'aquellas discussões febricitantes em que a eloquencia de Martins, sarcastica e ardilosa, levava de vencida os contendores. Quantas batalhas tremendas, quantas noites de gloria alli lhe foram"*. (ALMEIDA[b], 1904, p.433). Serrano, analisando os discursos e intervenções de Sousa Martins, apresenta-o como *"discursador didactico ou expositivo, controversista ou argumentador, e orador academico"*. (SERRANO[e], 1904, p.528)

São extensíssimos os assuntos tratados por Sousa Martins na Sociedade e as discussões em que tomou parte. Considera-se que Sousa Martins *"foi durante longos annos a propria Sociedade"*. (COSTA[a], 1904, p.251) Serrano propõe a adopção de uma nova cronologia na história da Sociedade das Sciencias Medicas: antes, no tempo e depois de Sousa Martins (SERRANO[e], 1904). Miguel Bombarda considera que, após a sua morte, a Sociedade *cai na orfandade* (cit. DANTAS[e], 1960).

2.4.1.3 Sociedade de Geographia de Lisboa

Sousa Martins foi sócio fundador da Sociedade de Geographia de Lisboa, vogal do Conselho central e vice-presidente da direcção. Elaborou o programa de trabalhos a realizar na Expedição Científica à Serra da Estrela (realizada em 1881). Assume funções de vogal da secção de antropologia e ciências naturais e de geografia médica, e de presidente das secções médica, antropológica e de geografia médica. Preside à assembleia preparatória e comissão central executiva para comemoração do Centenário da Índia.

2.4.1.4 Sociedade Portugueza da Cruz Vermelha

Foi sócio da Sociedade Portugueza da Cruz Vermelha, desde 1887. Foi eleito vogal da Commissão Central, conservador do museu e da biblioteca. Foi nomeado para integrar as secções de transporte de feridos e doentes, de ensino de primeiros socorros e de aperfeiçoamento do sistema de hospitalização, e para a comissão encarregue de modificar a lista de medicamentos que devem estar presentes nas ambulâncias (SERRANO[f], 1904).

2.4.1.5 Instituto Industrial e Commercial de Lisboa

Assumiu o cargo de Director do Instituto Industrial e Commercial de Lisboa, entre Fevereiro de 1887 e Fevereiro de 1888. Em Março de 1888, recebe voto de louvor por parte do Conselho escolar *"pela maneira distincta por que exerceu as funções de Director"* (SERRANO[f], 1904, p.592).

2.4.1.6 Jardim Zoologico e de Acclimação em Portugal

Sousa Martins fez parte da comissão iniciadora e comissão fundadora do Jardim Zoologico e de Acclimação em Portugal[25]. Pertenceu à primeira e segunda direcção da sociedade (1883 e 1884). A partir de 1885 e até ao seu falecimento assumiu função de 2º secretário da mesa da assembleia geral.

2.4.2 Comissões

Para além das comissões que integrou na Sociedade de Sciencias Medicas, no Hospital S. José e na Escola Médico-Cirúrgica, integrou ainda: a comissão encarregue de rever o regulamento quarentenário de 1860 (1872), a comissão encarregue de estudar e propôr os melhoramentos necessários no Lazarêto de Lisboa (1875), a comissão sanitária encarregue de propôr ao governo as medidas a tomar no caso da invasão de Lisboa pela cólera asiática (1884), a comissão para a reforma do regulamento de sanidade marítima (1887), a comissão de inquéritos aos hospícios, casas de recolhimento e de carácter religioso, colégios e estabelecimentos de ensino não oficiais (1891), a comissão central do Instituto de Socorros a Náufragos (1892), e a comissão da Câmara Municipal de Lisboa encarregue de estudar os cemitérios e cremações (1892). Foi nomeado perito em caso de exumação e autópsia, inspector clínico dos hospitais provisórios de cólera, perito em exame de sanidade de um juiz do Supremo Tribunal de Justiça, e presidente da comissão portuguesa do Congresso Internacional de Medicina em Roma, na 11ª sessão (1894).

2.4.3 Outros títulos honoríficos

Sousa Martins, na sua actividade ímpar, teve ainda ligações a diversas sociedades, maioritariamente de cariz científico, tanto em Portugal como no estrangeiro. SERRANO[e], em *Notas Bio-Bibliographicas* (1904), exibe uma listagem de títulos honoríficos recebidos por Sousa Martins, listagem essa cuja adaptação se apresenta:

---

[25] Sousa Martins gostava de animais, principalmente de aves. Segundo o Dr Sousa Pereira, Sousa Martins tivera alguns faisões e mangussos. (VIEIRA[a], 1973)

■ Sócio correspondente da Academia Real das Sciencias de Lisboa (1867)[26]

■ Membro correspondente da Société des Sciences Médicales du Grand-Duché de Luxembourg (1874)

■ Sócio correspondente estrangeiro da Sociedad Ginecológica Española – Madrid (1874)

■ Sócio correspondente da Sociedad Antropológica Española – Madrid (1874)

■ Comendador da Ordem de S. Thiago (1875), da qual recebeu a Grã-Cruz em 1897[27]

■ Comendador da Ordem do Salvador – Grécia (1875)

■ Sócio correspondente da Real Academia de Medicina de Madrid (1876)

■ Membro associado estrangeiro da Société Française d' Hygiène – Paris (1877)

■ Sócio honorário do Grémio Litterario Fayalense – Horta (1877)

■ Sócio correspondente (1878) e sócio honorário (1896) do Instituto de Coimbra

■ Sócio correspondente da Academia Nacional de Medicina y Cirugia de Cadiz (1879)

■ Sócio fundador da Associação dos Jornalistas e Escriptores Portuguezes (1880)

■ Membro do congresso farmacêutico internacional da Pharmaceutical Society of Great Britain – Londres (1881)

■ Membro correspondente estrangeiro da Académie Royale de Médecine de Belgique – Bruxelas (1882)

■ Académico correspondente da Academia Provincial de Ciencias Medicas de Badajoz (1883)

■ Sócio correspondente da Sociedad Farmaceutica Mexicana (1885)

■ Sócio protector da Associação dos Enfermeiros do Corpo de Saude Civil de Lisboa (1885)

■ Membro correspondente estrangeiro da Société Royale de Médicine Publique de Belgique – Bruxelas (1889)

■ Sócio honorário do Centro Pharmaceutico Portuguez – Porto (1889)

■ Presidente honorário da Sociedade Euterpe Alhandrense (1892)

■ Sócio protector da Associação Camoniana José Victorino Damasio – Lisboa (1892)

■ Membro honorário da Association Internacionale por le Progrès de l' Hygiène – – Bruxelas (1895)

■ Académico correspondente da Real Academia de Medicina e Cirugia de Madrid (1895)

■ Sócio correspondente do Instituto de Vasco da Gama (Nova Gôa)

2.2.4 Escritos

Sousa Martins, não tendo deixado obras substanciais, elaborou dispersamente, numa quantidade imensa, relatórios, pareceres, propostas... Grande parte deles integrados no contexto das sociedades a que pertencia.

Redigiu ainda artigos vários, em colaboração com periódicos da época. Colaborou nomeadamente com a Gazeta Médica de Lisboa, o Jornal da Sociedade Farmacêutica Lusitana, o Jornal da Sociedade das Sciencias Medicas de Lisboa, a Revista Médica

---

[26] Apresenta, como candidatura à Academia Real das Sciencias, a obra *"O pneumogastrico, os antimoniaes e a pneumonia"*

[27] Quando Sousa Martins é agraciado com a Grã-Cruz da Ordem, surge uma nota cómica a esse propósito na *Medicina Contemporânea*: *"Parabéns á Grã-Cruz"* (cit. SILVA[c], 1926, p.110)

Portuguesa, a Revista Ocidental, a Medicina Contemporânea, o Diário Ilustrado e a Enciclopédia Popular.

2.4.5 Política

Sousa Martins, pela sua individualidade, o seu lugar de destaque social e principalmente pelos seus dotes oratórios e poder de persuasão, foi *"solicitado por todos os partidos politicos"* (RODRIGUES, 1922, p.124). No entanto, preferiu sempre manter-se afastado da política, considerando-a *"cousa insalubre"* (SOUSA[d], 1904, p.12).

Dizia Sousa Martins que não entrava para a política activa, essa *"comedia publica"*, *"porque nem eu sirvo para os nossos politicos, nem os nosso politicos servem para mim"* (LOPES, 1904, pp.164,165).

Frequentemente, ironizava o sistema político. Designava a Câmara de Deputados, pelo facto de criarem leis no seu entender mesquinhas e ridículas, *"fabrica de leis por atacado e a retalho"*. E, perante os discursos dos deputados, tipicava-os. Existiam, assim, *"os de lingua doirada, os de lingua damnada, e os de lingua calada"* (idem, p.165).

Apresenta Serrano uma proposta de epitáfio *"Aqui jaz um orador, que nunca se propoz a ministro."* (SERRANO[e], 1904, p.535)

Encontramos uma interessante obra de Sousa Martins, com o pseudónimo de Zehhob Cêrvador (Zé Observador) – *Costumes da Occidental-Praia – Evolução d'uma Lei no Período Metaphysico-Physico – Immoral*. Trata-se de uma sátira social, com critica ao Zerrich Aço (Zé Ricaço), mantendo-se o humorismo e o jogo de palavras ao longo de toda a obra. Curiosamente, a obra saiu de circulação, por ordem do autor.

2.5 Comemorações do Grande Médico

A morte de Sousa Martins deixa um vazio difícil de preencher, tanto na cátedra, como na clínica, como nos debates nas sessões da Sociedade de Sciencias Medicas... Perde-se a individualidade que em si reunia *"as mil qualidades"* (*Pontos nos ii*, 7:290, 1891, 17), *"um dos homens mais populares e uma das glorias mais fulgentes do paiz"* (RODRIGUES, 1922, p.123). Não se perde, contudo, a sua memória.

Em 1943, cem anos após o seu nascimento, realizam-se sessões solenes comemorativas, na Casa do Ribatejo, na Faculdade de Medicina, na Sociedade das Ciências Médicas, na Academia de Ciências, na Associação Médica dos Hospitais Civis... Esta última promove uma exposição comemorativa, dela constando diversos objectos que pertenceram a Sousa Martins, retratos e gravuras, diplomas, correspondência, escritos e discursos de Sousa Martins, discursos e escritos acerca dele[28].

A *sua* Alhandra promove grandiosa comemoração, com missa, romagem ao jazigo, inauguração de lápide atribuindo o nome de "Sousa Martins" a uma enfermaria no Hospital da Misericórdia, cortejo até à estátua de Sousa Martins na Praça 7 de Março e

---

[28] FURTADO, Diogo; GEORGE, Carlos - *Exposição comemorativa do centenário de José Thomaz de Sousa Martins*. Lisboa: Sociedade Médica dos Hospitais Civis, 1943.

seguidamente à casa onde nasceu. Fizeram-se presentes todas as colectividades, autoridades locais e as crianças das escolas.

Surgem na imprensa diversos artigos, recordando o mestre, dos quais transcrevemos alguns excertos.

"É [a homenagem de hoje] um acto de justiça e de gratidão à memória de um homem de ciência que viveu no recolhimento do estudo e da meditação, no apostolado da profissão e do ensino. (...)
A figura de Sousa Martins é, como a dos grandes didactas e oradores, tecida de fluido pessoal de sedução e dessa magia do espirito – que prende os homens e os sugestiona, e os domina como uma só arte é capaz de dominar (...) – o da verba volant!"
(*Amatus Lusitanus* – Sousa Martins, Abril 1943, pp.319-322)

"(...) já a capital se prepara para celebrar os cem anos de nascimento doutro português ilustre, grande figura da ciência de todos os tempos: o sábio professor e médico que foi o dr. José Tomaz de Sousa Martins."
(*Comércio do Porto* – O.P. – Sousa Martins, 3/3/1943, pp.1,5)

"Cem anos vão decorridos sôbre esse dia 7 de Março de 1843, em que, na pobre e simpática vila de Alhandra, na freguesia de S. João Baptista, viu a luz da vida José Tomaz de Sousa Martins, êsse que viria a ser não só um dos maiores homens da ciência portugueses de todos os tempos, como ainda uma das maiores glórias da nossa Pátria. Médico foi-o, dos mais eminentes (...).
Mas, se foi um grande médico, um extraordinário professor, um espantoso homem de ciência, foi, também, um inigualável orador, não só dos maiores do seu tempo, como ainda dos maiores de todos os tempos."
(*Comércio do Porto* – No centenário dum sábio: O "sebenteiro" de Sousa Martins, 7/3/1943, pp.1-2)

"Figura singular é esta – dirão as recentes gerações – que, tendo exercido o primado na clínica, dominados nos congressos e conferências internacionais, deslumbrado na cátedra e merecido a estrangeiros insignes, como Brouardel, Van Emengen, Réclus, Proust, Bouchard, Brissaud, louvores excepcionais, - deixou afinal de si tão ténue rasto, que mal se lhe vislumbra a glória nas páginas do reduzido espólio que nos legou. Assim sucede, de facto, e não temos de que nos admirar. É êsse o destino de todos os grandes génios orais (...)"
(*Comércio do Porto* – DANTAS – Um grande artista I, 3/5/1943, p.1)

"A expressão «grande artista», tantas vezes adoptada a propósito do insigne médico português, não se ajusta a qualquer aspecto particular da actividade do mestre, tanto como à esplêndida totalidade e á harmoniosa unidade da sua figura. Para avaliar essa figura na sua justa medida, não basta considerar o orador, o professor e o clínico; temos de usar uma quarta dimensão, que não é o «espaço-tempo» de Einstein-Minkowski, mas um dos valores fundamentais da civilização latino-cristã: a bondade, a humana e profunda piedade por todo o sofrimento. Se a estatura intelectual de Sousa Martins foi grande, não foi menor a sua estatura moral. O altruismo,

a abnegação, o sacrifício heróico de um homem que se consagrou integralmente ao bem da humanidade: eis a sua «grande obra de arte»; eis a página mais bela, mais rica de ensinamentos, e mais propicia à meditação que nos oferece a Lenda áurea da sua vida."
(*Comércio do Porto* – DANTAS – Um grande artista II, 3/5/1943, p.1)

"A 7 de março de 1843 nasceu, em Alhandra, José Tomás de Sousa Martins. Faz agora um seculo.
Sousa Martins preencheu um ciclo da ciencia portuguesa, na sua relativamente curta vida – morreu com 54 annos, a 18 de Agosto de 1897 – e o seu nome ficou vinvulado á historia da medicina em Portugal. Foi dos portugueses mais notaveis da segunda metade do seculo passado, e só por previa disposição sua – que quis ser tumulado na terra natal junto dos restos de sua mãe – Sousa Martins não repousa nos Jeronimos, onde o governo (José Luciano de Castro), no dia seguinte ao da sua morte, pretendia que o seu corpo fosse inumado. O grande medico e professor estaria bem no monumento do Restelo."
(*Diario de Lisbôa* – Faz amanhã 100 anos que nasceu Sousa Martins: grande medico e professor e singular figura de português, 6/3/1943, pp.1-2)

"Sousa Martins encheu com o seu nome uma epoca e coube-lhe assinalar num século de conquistas científicas o esfôrço da Escola portuguesa.
Estudou e prolongou as suas aulas para fora dos muros da Escola Médica, conversando com os seus alunos, de estudioso para estudantes, despindo o seu cargo de professor de formalismo ritual de castas e interessando-os nas suas brilhantes prelecções. E brilhantes eram.
Raras vezes o homem de ciencia é um brilhante expositor: Sousa Martins apaixonava-se e fazia apaixonar os outros pelos assuntos que o preocupavam. Tão humilde era e tão grande foi este homem!..."
(*Diário Popular* – O povo de Alhandra comemorou o nascimento do prof. Sousa Martins – glória da medicina portuguesa, 7/3/1943, pp.1,6)

"Há cem anos que nasceu o médico insigne Sousa Martins.
Reunia tais atributos e tantos que, distribuídos, tornariam notáveis os personagens a quem coubesse uma so das eminentes qualidades que distinguiram êste professor de medicina.
O seu saber fez exclamar a um médico ilustre de Paris que pela primeira vez veio a Portugal: «Dou por bem empregada a minha viagem, pois vi a baía do Tejo e o meu colega Sousa Martins»."
(*Diário Popular* – VILHENA – Acêrca de Sousa Martins, 1/9/1943, p.3)

"Varão ilustre das ciências portuguesas do século XIX, a quem a Nação ficou devendo a perpetüidade da sua memória, Sousa Martins consagrou a sua breve vida a estudos e custosos trabalhos da mais alta valia para a humanidade e distinção de Portugal entre os países cultos da Europa."
(*Jornal dos Farmacêuticos* – Centenario do nascimento de José Thomas de Sousa Martins, 1943, sérieIII, vol.15-16, pp.69-71)

"(...) grande clínico, que foi, ao mesmo tempo, notável como orador e polemista, e, apesar da sua curta vida – morreu com 54 anos – marcou como uma das mais egrégias figuras da sociedade portuguesa da última metade do século passado."
(*Jornal do Médico* - Sousa Martins. Centenário do seu nascimento, 1943, 3:57, p.183)

"A forte e original personalidade de Sousa Martins assinala o início de uma nova época na evolução da medicina em Portugal. Serrano dizia que a história da medicina, em Lisboa, se podia dividir em dois períodos: antes de Martins e depois de Martins.
Juízo tão afirmativo não o inspiraria a amizade, antes o ditara a severa apreciação da sua obra do que fôra seu mestre e o conhecimento dos efeitos que desenvolvera a sua acção."
(*Jornal do Médico* – MACBRIDE - Sousa Martins – médico do Hospital, 1943, 3:57, pp.227-229)

"Sousa Martins é já hoje, e será ainda mais nitidamente amanhã, exemplo das virtudes clínicas e símbolo da dignidade profissional do corpo médico português. Engana-se quem suponha que êle foi, no seu tempo, apenas admirado. Não. Êle foi sobretudo querido; e especialmente – o que é raro – pelos profissionais da sua classe, que viam em Sousa Martins o «tipo-chefe», o magistrado moral, o homem que, como o «pensador do trabalho», de Naumanh, não queima o cérebro para deslumbrar os outros mas para lhes iluminar o caminho da vida."
(*Jornal da Sociedade das Ciências Médicas de Lisboa* – DANTAS - Sousa Martins, orador, 1943, 107:1-12, pp.15-29)

"A influência renovadora e progressiva, que Sousa Martins exerceu na mentalidade médica portuguesa do seu tempo, preparou de certo modo, o desenvolvimento ulterior da medicina nacional, e constitui, segundo cremos, a obra mais notável de Sousa Martins; obra servida pelas qualidades excepcionais duma personalidade forte, vigorosa, cujo prestígio se estende aos nossos dias.
Na cátedra, na clínica, nesta Sociedade das Ciências Médicas, nos Congressos Internacionais em países estranhos, sempre a mesma actividade incessante, a mesma influência simpàticamente sugestiva, a mesma eloqüencia arrebatadora."
(*Jornal da Sociedade das Ciências Médicas de Lisboa* – RICO - Sousa Martins, 1943, 107:1-12, pp.31-34)

"Sousa Martins (...) foi, com efeito, professor insigne, cultor apaixonado da ciência, clínico infatigável e generosíssimo, patriota ardente e orador extraordinário em tudo – em altos pensamentos, no colorido variado e impressionante da forma e na fluência, por vezes torrencial, da sua palavra admirável. Na grei médica não sei quem se lhe haja avantajado."
(*A Medicina Contemporanea* – JÚNIOR - Centenário do nascimento do Professor Sousa Martins, 1943, 61:9, pp.136-137)

"A obra de Sousa Martins é formidável. A acção que exerceu no mundo médico e no mundo social são verdadeiramente excepcionais. No mundo médico enfrentou vários campos e muito produziu, quanto à parte científica, a muita gente valeu como clínico, e em muitas obras entrou (...). E nos domínios da higiene, assistência hospitalar, assistência social, medicina forense, do exercício da medicina e farmácia são de raríssimo brilho os seus trabalhos, os seus conselhos, as discussões em que fez ouvir a sua palavra privilegiada e criteriosa, palavra de orador magno, *como lhe chamou Manuel Bento de Sousa."*
(*A Medicina Contemporanea* – NEVES – A figura grandiosa e genial de Sousa Martins, 1943, 61:9, pp.140-141)

"O professor Sousa Martins não deixou obra didáctica escrita, que teria sido imorredoura, revelando assim aos vindouros o seu formidável cabedal científico, a sua eloqüência arrebatadora, os pensamentos e conceitos que brotavam como torrentes caudalosas das sua palavras vibrantes e avassaladoras, mas creou uma pleiade de discípulos e admiradores, que iam escutar aprasìvelmente as suas lições (...). Deixou em cada futuro médico um discípulo rendido pela sugestiva apresentação e assombroso desenvolvimento das suas concepções científicas, que, numa exposição cheia de brilho académico e de verdade científica, os subjugava."
(*Notícias Farmacêuticas* – FARIA – José Thomaz de Sousa Martins, 1943, 9:1, pp.5-11)

"Faleceu aos 54 anos, em plena pujança das faculdades intelectuais. O seu nome científico encheu a história da medicina de uma época."
(*Novidades* – C. – Centenário de Sousa Martins, 7/3/1943, 58:15226, p.6)

"A vida de Sousa Martins foi tôda um exemplo."
(*O Século* – Há cem anos, na ribeirinha Alhandra, nasceu o dr. Sousa Martins, 7/3/1943, pp.1,4)

"A missão, a grande missão de Sousa Martins foi trazer, até êste canto isolado e estagnado da velha Europa, a nova ciência do tempo. E soube fazê-lo com uma operosidade, uma exuberância e um brilho desusados, excepcionais no nosso País. É certo que essa missão tem sido continuada por outros, mas ninguém ainda nem o suplantou, nem mesmo igualou, nem mesmo aquêles que, entre nós, se têm dedicado à investigação científica."
(*Clínica, Higiene e Hidrologia* – NARCISO – No centenário de Sousa Martins, Abril 1943, 9:4, pp.85-86)

"Sousa Martins ficou na História como o símbolo do Médico, ao mesmo tempo sábio, trabalhador, escrupuloso, bom, sacrificado, exemplar em todos os aspectos por quem possa ser encarado como profissional da Medicina.
Em tôdas as formas da sua prodigiosa actividade êle se distinguiu e em tôdas pôs um calor de apóstolo e uma dedicação de mártir." (*Clínica, Higiene e Hidrologia* – CORREIA - Sousa Martins – Apóstolo da Assistência Médica, Abril 1943, 9:4, pp.110-111)

"Vamos comemorar o centenário de Sousa Martins, que, pela sua inteligência, a sua bondade, a sua arte, a sua ilustração e a sua ciência, em síntese feliz, tanto elevou e dignificou a nossa profissão, a Medicina."
(*Clínica, Higiene e Hidrologia* – MONTEIRO – O exemplo de Sousa Martins, Abril 1943, 9:4, 110-111)

CAPÍTULO 3

O Mito e o Culto de Sousa MArtins: A Religiosidade Popular

*"(...)Deus, como o bom, o grande Sousa Martins o não quizera no pensamento, se
lhe insinuara no coração e, deixando que não fossem d'Elle, como vimos as idéas que
exprimia, dispoz que d'Elle fossem os sentimentos, que occultava. Muito embora
anti-christão no pensamento, tinha de ser christão nos impulsos e inspirações do
coração – d'esse coração que Deus fez e quiz tão grande para mais facilmente ca-
ber n'elle. Assim o insigne Professor, emquanto viveu, viveu em Deus, embora só pelo
coração; quando morreu, senão pelo pensamento, ao menos pelo coração, morreu em
Deus. Quer dizer foi para Deus pelo trilho mais curto que nos guia e eleva a Elle."*
(Monteiro[d], 1904, p.205)

3.1 Sousa Martins: santo laico

Em plena Lisboa, no Campo dos Mártires da Pátria, tem Sousa Martins uma
estátua erguida, datando de 1904, por iniciativa de um grupo de amigos em sua
homenagem. Curioso movimento se gera em torno dela. A base da estátua está
rodeada de lápides, velas, flores. Várias pessoas parecem rezar... Também em Alhandra,
sua terra natal, se gera o mesmo movimento no cemitério onde está sepultado.

Nos dias 7 de Março (data do nascimento de Sousa Martins), 18 de Agosto (data
da sua morte) e dia 2 de Novembro (dia de finados), o número de pessoas aumenta
substancialmente, havendo mesmo excursões organizadas. Vêm pessoas de todas as partes
do país, das ilhas, emigrantes[29]... O jazigo de Sousa Martins encontra-se aberto a 7
de Março e 18 de Agosto e chegam a ser centenas as pessoas que aí acorrem.

Agradecem-se as curas e as graças recebidas, formulam-se novos pedidos.

São os devotos de um homem que a crença popular consagrou como santo.

Diz Aurélio Lopes: *"Se existisse necessidade de comprovar a persistência do sagrado
na vida contemporânea, mesmo que consumista e urbanizada, a existência de fenómenos
como o da "santificação popular" do Dr. Sousa Martins, serviriam cabalmente tal
pretensão."*(Lopes, 1995, p.108)

---

[29] *A Capital*, de 28/02/1985, refere a presença de emigrantes do Canadá, França e Luxemburgo.

Este homem – Sousa Martins – que defendia o positivismo, acaba por ser elevado ao altar da adoração popular, e à revelia da instituição eclesiástica dominante e, durante o Estado Novo, à revelia do próprio Estado[30]. A manifestação do culto é reprimida durante essa época, com recurso a intervenção policial, tendo sido proibida a colocação de velas e flores na estátua situada no Campo dos Mártires da Pátria. Apesar da repressão, há sinais de que o culto se mantém. Veja-se o artigo do *Diário de Lisboa, em* 27/07/1953: «Há sempre flores no monumento a Sousa Martins». O jazigo de Sousa Martins passa por alguma degradação. Em carta enviada ao *Diário de Lisboa*, em Maio de 1937, um alhandrense dá conta e lamenta esse estado de degradação: "jazigo em estado de abandono", "cruz frontal partida", "vidro da entrada quebrado", "grade atada por fios de enferrujado arame". A partir dos anos 70, o culto assume maior visibilidade, exteriorizando-se hoje livremente.

3.2 O início da crença

O Primeiro de Janeiro, em 11 de Janeiro de 1983, apresenta um artigo intitulado "Um vila-franquense que a morte transformou em «santo»". Indicaria ser já após ter falecido que Sousa Martins passa a ser considerado santo. No artigo "O médico que não morre", no *Observador* (7/9/1973), situa-se o início do culto por volta dos anos 20. O Dr. Sousa Pereira, otorrinolaringologista, em entrevista ao jornal, afirma ter recebido uma paciente que trazia consigo o receituário escrito por uma médium, incorporando Sousa Martins, e a assinatura seria precisamente igual à de Sousa Martins.

No entanto, há já sinais de que se vai delineando uma 'auréola de santidade', ainda durante a vida do médico.

Atenda-se às afirmações de Christovam AYRES (1904):

"E entre os prantos d'esses que elle acarinhou e consolou na vida, e alliviou as suas dores, estarão os dos pobres serranos do Herminio, no meio dos quaes a fama da bondade de Sousa Martins, junta ao seu saber medico, começava a dar origem a uma especie de lenda. Iam em romaria consultal-o, ou vel-o apenas, na certeza de que bastaria isso para os curar.
Nunca elle os deixou de attender, e de lhes dar os conselhos da sua sciencia ou o dinheiro do seu bolsinho. Ás vezes, porêm, estava de cama, mais doente, e não os podia de todo attender; e então as supplicas dos pobres montanhezes, que traziam ao collo os filhitos doentes, ou se arrastavam até alli, enfermos, eram para que o «santo», por intermedio da sua irmã, e dedicadissima enfermeira, lhes receitasse ou os aconselhasse em alguma cousa. E a boa da senhora dizia-lhes que sim; e fingia que lhes trazia da parte do irmão uns receituarios, – umas cousas simples e innofensivas, ou outras que ella sabia lhes podia dar allivio: – umas fricções, um unguento, umas papas. E elles lá iam muito satisfeitos, voltando no dia seguinte, ou dias depois, doidos de alegria, pelo bem que o remedio lhes fizera!

---

[30] A revista *Visão*, de 14/08/1997, afirma que Salazar, no entanto, *"peregrinava secretamente ao túmulo de Sousa Martins"*.

Era a fé! a grande fé que move montanhas e levanta o coração dos bons e dos simples!"
(AYRES, 1904, p.290)

Fialho d'Almeida refere também que os medicamentos receitados por Sousa Martins eram mais eficazes do que os outros, devido à força de carácter e persuasão do próprio médico.

"Tenho necessidade de dizer como os remedios de Sousa Martins curavam mais do que os outros, curavam com força dupla, visto as qualidades de sedução, de penetração moral, dos seus serviços clinicos? É superfluidade explicar, já n'este tempo, que muitos remedios de farmacia teriam uma acção simplesmente pallida e paliativa sem o reforço de certas medicações de natureza physica e moral com que a fascinação pessoal do medico hypnotisa e afeiçôa naturezas sugestionaveis de doentes. Em muitos casos esta sugestão vae quasi até onde o medico deseje, e isto forçosamente lhe dará sobre o doente uma ascendencia moral indisputada, cujo manuseio seria funesto entre mãos d'alguem que não tivesse um caracter de santo, e vistas d'apostolo sobre as miserias da pobre humanidade."
(ALMEIDA[b], 1904, p.427)

Durante a sua estadia na Serra da Estrela, em 1881, adquirira já Sousa Martins fama de santo nessa região. Para além de dar consultas gratuitas (e ainda dar dinheiro aos pacientes), a sua perícia médica pareceu-lhes sobrenatural. *O António Maria* caricaturiza a situação, publicando um cartoon do 'santo' Sousa Martins.

Extraído de MAGALHÃES, 1926, p.86

O carisma especial de Sousa Martins reflectia-se não só nos seus doentes, mas entre os seus alunos e amigos. Diz Fialho d'Almeida que Sousa Martins, *"como Jesus, teria tido uma lenda servindo de base a uma religião infinitamente tolerante e idealista. Como Jesus até teve elle Magdalenas para remir, Judas que o vendiam, e discipulos amados que, mesmo sem tempera d'evangelistas, se fariam matar a um gesto da sua mão de tisico e de martyr."* (ALMEIDA[b], 1904, p.429)

Poderíamos vislumbrar na atitude dos amigos de Sousa Martins, após a sua morte, semelhanças com o movimento de culto que se observa presentemente. Descreve José de Freitas Ribeiro: *"Basta ver quantas dedicações e boa vontade se teem manifestado para tornar immorredoura a sua memoria; basta ver a piedosa romaria a Alhandra, todos os annos effectuada pelo anniversario de seu fallecimento, onde amigos inconsolaveis cobrem de flores a sua jazida que alforjam de saudade: basta isso para se reconhecer quanto era querido e amado pelos fanaticos do seu nobilissimo e primoroso caracter"* (RIBEIRO, 1904, p.267) E continua o mesmo autor: *"somos levados á comprehensão de como a amizade pelo individuo se converteu em culto pelo idolo; a affeição desmarcada pelo vivente quasi deificou o extincto"* (idem). A amizade e fascínio por Sousa Martins, pela sua personalidade, tornaram-no, pois, um ídolo, quase sagrado.

Para além do esforço levado a cabo por amigos de Sousa Martins para que se erguesse estátua em sua memória, estes põem também em marcha o projecto de elaborar uma obra com diversos testemunhos de quem com ele conviveu. Em 1904, surge, então, em homenagem a Sousa Martins, uma obra assinada por diversos amigos e colegas. São cinquenta e cinco os autores dos artigos[31], artigos esses onde se esboçam retratos e memórias. Intitula-se a obra *Sousa Martins (In memoriam)*. Muito curiosamente, encontramos na apresentação da obra, nas páginas iniciais, expressões com grande similitude com as práticas de culto prestado a Sousa Martins. (São nossos os sublinhados.)

"Este livro é um **altar sacrosanto**, *– e nelle não fôra lícito malsinar as intenções de qualquer* **offerenda**, *por mais extranha que na fórma se nos afigure Numerosos e pressurosos acudiram aqui os* **devotos**, **alumiados todos pela mesma fé**, *na* **piedosa romaria** *de uma* **apotheose**. *Em particularidades minimas, em minucias de somenos alcance, fortuitamente (e só quiçá muito fortuitamente) parecerá porventura haver discrepancias nesses romeiros. Mas o que para todos elles representa unidade inquebrantavel, e muito significativa, é a* **incondicional veneração** *com que todos thuribulam a* **imperecivel memoria do ausente**. *"*
(In Memoriam, 1904, p.X)

---

[31] Abel Botelho, Abílio Guerra Junqueiro, Alfredo da Costa, Alfredo da Cunha , Alfredo Luiz Lopes, Antonio Augusto de Carvalho Monteiro, Antonio de Campos Junior, António de Castro Freire, António França Borges, D. António de Lencastre, Bernardino Machado, Carlos Joaquim Tavares, Charles Bouchard, Conde de Sabugosa, Christovam Ayres, (Edouard Brissaud), Eduardo Abreu, Eduardo Burnay, Emilio Fragoso, Francisco António Wolfango da Silva, Francisco Marques de Sousa Viterbo, Francisco Teixeira de Queiroz, Gil Mont'Alverne de Sequeira, Gregorio Rodrigues Fernandes, Hygino de Sousa, João da Câmara, João Carlos Rodrigues da Costa, João Jacintho da Silva Corrêa, João José de Sousa Telles, Joaquim Alves Crespo, Joaquim de Araújo, José António de Freitas, José António Serrano, José Duarte Ramalho Ortigão, José Valentim Fialho d'Almeida, José Eduardo Fragoso Tavares, José Estevão de Moraes Sarmento, José de Freitas Ribeiro, José Joaquim Ferreira Lobo, José Joaquim Gomes de Brito, José de Lacerda, José de Sousa Monteiro, Júlio de Mattos, Manuel Bento de Sousa, Manuel Emygdio da Silva, Maria Amália Vaz de Carvalho, Paul Brouardel, Paul Reclus, Prospero Peragallo, Rosendo Carvalheira, Sebastião de Magalhães Lima, Theophilo Braga, Thomaz de Mello Breyner, Vicente Rodrigues Monteiro, Xavier da Cunha

3.3 O médico santo e o santo médico

Sousa Martins, vimos já anteriormente, era detentor de uma forte personalidade, com grande capacidade de persuasão, era um clínico reputado e manifestava particular atenção aos doentes mais necessitados. A prática quotidiana da caridade, exercia-a dando consultas gratuitas, visitando os lares pobres, deixando dinheiro para compra dos medicamentos e sustento das necessidades básicas. A sua palavra consolava, diminuía angústias. *"Tudo quanto a palavra póde dar ao clinico para afogar por suggestão os terrores e as fraquezas da doença, toda essa fascinação angelica e minoração d'angustias, que o homem, acalcanhado pelo mal, só a Deus pede e ao medico, exercia-a Sousa Martins na sublimidade da sua missão providencial"* (JORGE[b], 1897, pp.22-23).

Facilmente se lhe associavam características de santidade - bondade, abnegação, caridade, sacrifício em função dos outros. Os seus dotes de eloquência, raciocínio, inteligência facilmente seriam entendidos como dons concedidos divinamente. Bento de Sousa afirma que a sina de Sousa Martins era a de ser o primeiro em tudo, considerando-o *"um homem superior, porque foram superiores os seus dotes naturaes"* (SOUSA[d], 1904, p.3). *"Costuma dizer o nosso povo: que ninguem foge á sua sina. (...) De Sousa Martins poderia dizer-se que foi o destino o ser, na sua esphera e no seu tempo, o primeiro em tudo. No bancos escolares, o primeiro estudante. Nos concursos, o primeiro candidato. No ensino, o primeiro professor. Na discussão, o primeiro orador. E até na sua morte se cumpriu a sina, pois que, acontecida no periodo funesto em que outros morreram, que tambem foram grandes medicos e grandes mestres, foi elle de todos o mais chorado"* (idem). A sua reputação enquanto médico e professor seria estendida pela divulgação de doentes e alunos.

Após a sua morte, Sousa Martins não foi esquecido. Amigos, alunos, admiradores com frequência visitavam o jazigo. Os seus doentes durante longo tempo recordaram o bom médico. Em artigo na *Medicina Contemporânea*, em 1943, diz Diogo Furtado: *"ainda hoje nos acontece ver doentes tratados por êle há cinqùenta anos, que nunca se esquecem, a cada nova consulta, de citar o nome do Mestre, o carinho com que os tratava, o quási divino prestígio que ninbava a sua fronte"* (FURTADO, 1943, p.143)

Parece ter perdurado e ter-se acentuado este seu aspecto de bondade, de capacidade de cura superior à dos outros clínicos, de revelação de dons. O médico, com fama de santo, passa a santo, que também é médico. A caridade associada ao exercício da medicina transformou-o em santo cuja especialidade são as questões de saúde e a cura.

Com o desenvolvimento de práticas espiritistas, terão surgido médiuns afirmando receber comunicações e incorporar Sousa Martins. O culto desenvolve-se em sessões mediúnicas privadas e em manifestação pública, nomeadamente em Alhandra e no Campo dos Mártires, mais ou menos visível, consoante a permissividade das autoridades. Surgem em meios de comunicação afirmações bastante duvidosas em relação à ligação de Sousa Martins com o espiritismo. *A Semana Ilustrada* (20/11/1989) designa-o de *"médico espiritualista"*. Encontramos n'*O Primeiro de Janeiro* (11/01/1983): *"É de Sousa Martins que falamos, que foi médico, espírita e escritor"*. E a *Nova Gente (06/04/1983)*, procurando apresentar razões para a santificação popular, afirma: *"A glorificação de Sousa Martins deve-se a razões várias: a sua capacidade profissional, o sentido humanitário da sua vida (oferecendo consultas e remédios gratuitos e ainda deixando uma esmola aos mais pobres dos doentes) e, sobretudo, a ligações com o espiritismo (em voga no final do século XIX)"*.

Ora, atendendo ao facto de Sousa Martins ser defensor do positivismo, não teria certamente ligações a correntes espíritas. Pelo menos, em vida...

Gilberto Monteiro conta um episódio curioso.
"[Sousa Martins] Tinha dado alta a um rapazito, depois de uma grave doença, e recomendara à mãe que lho levasse ao consultório, passados 15 dias. Ainda nem 8 eram passados, aparece no consultório a boa mulherzinha, a quem Sousa Martins admirado perguntou se o rapaz tinha recaído.
– Ah! meu rico Senhor Doutor, êle está muito melhor, eu venho cá só para lhe pedir para o deixar sair mais cêdo; para o trazer já amanhã...
– Mas porquê? Perguntou o Mestre intrigado.
– Ora eu prometi ao Senhor dos Passos o seu pêso em cêra, no primeiro dia em que êle saísse, e vai daí o rapaz engorda tanto todos os dias que eu não sei como arranjar dinheiro para comprar tanta cêra..."
(MONTEIRO[c], 1943, 113)

E conclui: *"Foi sempre assim: os médicos tratam mas os Santos curam!"* (idem). No culto a Sousa Martins, é o próprio médico/santo que trata e cura e recebe as oferendas.

Para Mircea Eliade, *"o sagrado e o profano constituem duas modalidades de ser no mundo, duas situações existenciais assumidas pelo homem ao longo da sua história"* (ELIADE, 2006, 28). Será este modo sagrado de estar no mundo que transforma um médico com algumas características de santidade num 'verdadeiro' santo, alvo de adoração e prestação de culto.

3.4 O culto a Sousa Martins

O culto a Sousa Martins integra-se na designada religião popular. Moisés Espírito Santo define-a da seguinte forma: *"É possível definir a religião popular em função da religião 'oficial': é o sistema religioso que goza de uma certa autonomia em relação à instituição eclesiástica, ainda que ambas tenham traços comuns e estejam por vezes ligadas."* (ESPÍRITO-SANTO, 1990, p.17) A religião popular assume características diversas, provenientes de diferentes crenças e sistemas religiosos, desde aspectos cristãos, até aspectos espíritas, pagãos e mesmo de magia, e tem por base a crença na existência de presenças dum mundo espiritual que podem interferir no nosso mundo.

Não há aqui regulação por parte de autoridades eclesiásticas, nem sacerdotes instituídos. Pareceria, assim, haver igualdade entre os crentes/devotos, mas constata-se a presença de uma hierarquia. Neste culto, surgem algumas pessoas que assumem possuir excepcionais capacidades de comunicação e interacção com o Dr. Sousa Martins - são os designados médiuns. Publicamente afirmam incorporá-lo, receber mensagens suas e ter a capacidade de, por seu intermédio, curar doenças e resolver problemas. O seu poder de legitimação assenta, segundo cremos, na convicção com que falam acerca de Sousa Martins - para além do conhecimento biográfico, parecem ter acesso a informações não registadas em obras biográficas, mas que advém directamente de diálogos estabelecidos com o próprio Sousa Martins. É o caso de uma senhora – médium – que diz conhecer todos os aspectos da vida de Sousa Martins, sabe que tipo de mulheres ele aprecia e conhece a sua paixão por uma pastora da Serra da Estrela, muito mais nova do que ele.

Apesar da preponderância atribuída às mulheres na religião popular[32], no culto a Sousa Martins encontramos muitos homens, médiuns guiados por Sousa Martins, que dirigem, por exemplo, a oração e oferecem os préstimos para auxiliar na resolução de situações problemáticas.

O culto a Sousa Martins não se reveste de exclusividade. Não há a crença no poder exclusivo deste santo. Os devotos recorrem também a outros santos. São frequentemente referidos o Santo António, a Lúcia, Santa Maria Adelaide, a Sãozinha e o Padre Cruz e Nossa Senhora. Deus está acima de todos eles e as graças operadas pelos santos só são possíveis com a Sua permissão.

Entre os devotos – as pessoas que *acreditam* –, principalmente quando ligadas a práticas espiritistas, desenvolve-se uma linguagem própria, cuja significação nem sempre é totalmente apreendida pelos que *não acreditam*. Os arrepios de frios que surgem de repente, a questão *"Não está a sentir?"*, significam que a entidade está junto à pessoa. É frequente a afirmação *"Está aqui."* Trocam-se olhares de assentimento entre os crentes – todos confirmam sentir a sua presença.

A transmissão do conhecimento de Sousa Martins, enquanto entidade sobrenatural a quem recorrer, de acordo com os dados obtidos em questionários, faz-se através de amigos, colegas, pais, sogros, esposo, esposa, amigos, colegas, conhecidos, através de livros, através da observação do que se passa em torno da estátua no Campo dos Mártires. Foram ainda referidas situações em que se tomou conhecimento de Sousa Martins em contexto hospitalar, aquando de doenças de familiares, por pessoas que, perante o sofrimento alheio, se aproximaram e apresentaram Sousa Martins como alguém que poderia auxiliar.

São também de assinalar as situações em que o próprio santo se apresenta e o sagrado se impõe. Aplicar-se-iam aqui as afirmações de Mircea Eliade: *"O homem toma conhecimento do sagrado porque este se manifesta, se mostra como qualquer coisa de absolutamente diferente do profano. A fim de indicarmos o acto de manifestação do sagrado propusemos o termo* hierofania*"* (ELIADE, 2006, p.25).

É o caso de uma senhora que, tendo entrado numa loja e estando a observar pagelas de uma santa para escolher uma delas, de repente, vê no meio das pagelas a imagem de um homem (Sousa Martins). Perguntou à funcionária de quem se tratava. A senhora conhecia o nome, mas nunca tinha visto a imagem de Sousa Martins. Adquiriu a imagem e procurou informação mais detalhada. Tornou-se ele um seu santo de devoção.

Uma outra situação é a de uma senhora que, tendo o filho sempre doente quando era pequeno, levou-o a uma vizinha que o benzeu pelo "irmão Sousa Martins". O filho curou-se e a senhora considerou que foi *"o primeiro chamamento"*.

Interpretam-se estas situações como a manifestação do santo em direcção ao homem – é o santo que se apresenta ao indivíduo e o escolhe para seu devoto.

---

[32] *"(...) as mulheres ocupam nesta religião uma posição privilegiada no poder que têm (que lhes é conferido pela sociedade) para contactar com o sobrenatural."* (PEREIRA, 1996, p.12)

3.4.1 Práticas de culto

3.4.1.1 Olhar do crente

Primeiramente, em que crêem as pessoas que acorrem a Alhandra e ao Campo dos Mártires? A grande maioria das pessoas têm conhecimento geral acerca de quem foi Sousa Martins, relativamente à sua infância, ligação forte à mãe, trabalho na botica do tio, cursos (Farmácia e Medicina) e profissões (médico no particular e no Hospital de São José, professor da Faculdade de Medicina). Algumas pessoas, ligadas ao ramo da saúde, principalmente enfermeiras, conhecem as suas obras, nomeadamente a 'Nosografia de Antero'.[33]

Relativamente ao facto de nunca ter casado (que é do conhecimento geral dos crentes), geram-se duas perspectivas. Há quem afirme que nunca casou porque os seus únicos amores eram a mãe e a medicina. Temos então uma representação 'casta' de Sousa Martins, dedicado a uma vida de 'celibato'. Uma outra perspectiva é a de Sousa Martins apaixonado pelas mulheres, ainda que não assumisse compromissos com nenhuma delas. Uma médium chega a afirmar que este seu 'fraquinho' pelas mulheres, num amor descomprometido, é o único factor pelo qual Sousa Martins não pôde ser santificado pela Igreja Católica.

É interessante observar que muitas mulheres, ao olharem o quadro presente na sala Sousa Martins no Museu de Alhandra, em que Sousa Martins se encontra numa gôndola em Veneza na companhia de uma mulher, questionam quem é ela. Parece haver um grande alívio quando se confirma que se trata da irmã, D. Maria Leonor. Será que se quebraria a imagem de santo, caso se tratasse de uma companheira de Sousa Martins? Ou será que a devoção pelo santo pode assumir algum carácter mais sexualizado, tomando uma eventual companheira de Sousa Martins o papel de rival das devotas?

A mãe de Sousa Martins, tendo preenchido de modo inquestionável o coração do filho, acaba por assumir um papel importante no culto. Muitas vezes, as orações são dirigidas à mãe e ao filho. Curiosamente, e apesar do estreito laço entre Sousa Martins e a irmã D. Maria Leonor, esta não parece ter relevância dentro do culto.

Aos olhos dos crentes Sousa Martins apresenta-se como um amigo (*"querido amigo"*, *"amigo Dr. José Tomas de Sousa Martins"*, *"grande amigo querido"*), um espírito de luz (*"Espírito cheio de luz"*, *"grande espírito de luz"*[34]), *"espírito muito forte, espírito superior"*, o 'irmão', *"um anjo na terra olhando por quem dele precisa"*, *"um magnífico santo"*, o *"grande Sousa Martins"*. Sousa Martins apresenta-se ainda como o protector e guia espiritual, auxiliando os médiuns na resposta aos problemas das pessoas que a eles recorrem (*"tenho obtido graças que aos olhos dos homens parecem impossíveis, muitas curas especialmente na área da medicina"*; *"muito lhe tenho a*

---

[33] Já não parece adequar-se a afirmação de Teotónio Pereira: "O desconhecimento de quem na realidade foi e o que fez Sousa Martins é uma constante entre os que crêem nos seus poderes sobrenaturais." (PEREIRA, 1996, p.18)

[34] É interessante verificar que já Alfredo da CUNHA, no *In Memoriam*, em 1904, utiliza as expressões "espirito de luz" e "alma de luz".

agradecer não só pelo bem que me faz directamente, mas também pelo que me ajuda a fazer aos outros que recorrem a mim")[35].

3.4.1.3 Relação entre o devoto e o santo

A relação entre o santo e os devotos assenta num sistema de trocas. O crente apresenta ao santo um problema a resolver ou coloca-se sob a sua protecção e promete uma dádiva caso o santo garanta protegê-lo e resolva o problema apresentado. Após o cumprimento do 'contrato' por parte do santo, o devoto deve agora cumprir a sua parte, oferecendo o que foi combinado. Sucede, por vezes, que a oferta ao santo precede a concretização da graça ou milagre. O devoto oferece primeiramente acreditando ver realizados depois os pedidos formulados.

Há aqui um sistema de reciprocidade – a dádiva do santo e contra-dádiva do crente (CABRAL[a], 1984). Esta contra-dádiva designa-se habitualmente por ex-votos, expressão que significa *segundo o prometido*.

Esta reciprocidade pode ser simétrica ou assimétrica. Segundo João de Pina CABRAL, só existiria uma verdadeira simetria caso a contra-dádiva equivalesse realmente à dádiva. Apresenta como exemplo, a cura do braço do devoto. Haveria simetria se o devoto curasse o braço ao santo ou se oferecesse o seu próprio braço, o que seria impensável. Assim, passa a existir uma simetria simbólica e não real, nomeadamente com a oferta de imagens em cera que representam partes do corpo ou o próprio corpo humano. Existe assim "uma equivalência metafórica, entre o objecto afectado pelo santo e o objecto que é devolvido pelo crente" (PEREIRA, 1996, p.20). Pereira considera ainda, dentro do regime de reciprocidade simétrica, as demonstrações de auto--mortificação (ex.: pessoas de joelhos), no sentido, em que há um pagamento em dor, equivalente à dor que a intervenção do santo cessou. Há devotas que oferecem os seus vestidos de noiva, podendo esta oferta significar o agradecimento pelo casamento realizado ou um pedido de protecção para a felicidade do casal ao longo da vida.

Na reciprocidade assimétrica, há a oferta de lápides agradecendo as graças concedidas, velas, flores[36], imagens do próprio Sousa Martins, de Jesus Cristo e de Nossa Senhora, dinheiro[37].

Os ex-votos são testemunho de uma relação bem sucedida entre o devoto e o santo. Confirmam publicamente a acção do plano espiritual sobre o plano terreno e atestam o poder do santo.

Teotónio Pereira refere duas modalidades básicas possíveis na relação com os santos. A relação contratual assenta numa promessa – há um contrato "*explícito ou*

---

[35] Termos utilizados pelas pessoas que preencheram os questionários e que foram entrevistadas.

[36] No culto a Sousa Martins, não há especificação do tipo de flores a ofertar. Há cultos em que as ofertas estão identificadas, associando-se a entidade a determinados objectos. Por exemplo, Iemanjá recebe rosas brancas ou azuis.

[37] É comum haver ofertas de dinheiro no Museu de Alhandra. Dado que todo o dinheiro que entra tem de ser registado, há pessoas que ficam um pouco incomodadas. Parece haver constrangimento por este procedimento 'profano', dado que a oferta deveria ser 'sagrada', e independente da aplicação específica do dinheiro.

tácito" (Pereira, 1996, p.31), em que o devoto procura alcançar uma graça, oferendo depois a contra-dádiva. Neste tipo de relação, o santo invocado será 'especializado' no assunto-alvo. Sousa Martins terá como especialidade não só a cura (enquanto médico), mas a realização de exame académicos (enquanto professor). A relação devocional não se cinge a um contrato ocasional – é uma relação duradoura e permanente, em que o crente presta culto regular ao santo, em troca da protecção deste ao longo da sua vida. Neste tipo de relação, o santo acaba por interceder em praticamente todas as áreas, e não numa específica, assumindo-se como o protector ou guia espiritual. Muitas vezes sucede que, após o recebimento de uma graça, a relação com o santo passa de contratual a devocional.

Esta devoção traduz-se nas palavras dos crentes: *"espero que olhe por mim a todo o momento"*; *"com ele tudo é um jardim florido"*; *"tenho fé verdadeira no irmão Sousa Martins"*; *"acredito plenamente nele"*. Alguns crentes criaram 'altar' em casa com a imagem de Sousa Martins, junto à qual colocam velas e flores.

A comunicação com o santo, e atendendo ao facto desta mergulhar num sincretismo religioso, pode ser feita através de rezas[38] e/ou através de invocação mediúnica, em que se chama o espírito de Sousa Martins para que apareça simplesmente ou para que incorpore o médium. Relativamente às rezas, refere Teotónio Pereira a questão da repetitividade. É comum a repetição de fórmulas, considerando que a sua eficácia aumenta. Também em rituais se recorre à repetitividade (por exemplo, no número de velas, número de dias em que o ritual é realizado). Há números considerados 'mágicos' ou números de poder. Recorre-se habitualmente aos números 3,7 e 9. O 3 representa a perfeição, associada à Trindade (Pai, Filho e Espírito Santo), a triangulação (mãe, pai, filho) e, em algumas tradições esotéricas, pode representar o passado, presente e futuro. O 7 resulta da associação do 3 com o 4, representando este os quatro pontos cardeais, as quatro estações do ano, os quatro elementos (ar, fogo, céu e terra). Representa os sete dias da semana, as sete notas musicais, as sete cores, os sete chakras[39]. No culto a Sousa Martins, o 7 relaciona-se com o seu dia do nascimento. O 9 é o 3 vezes 3, número muito utilizado nas designadas 'novenas'.

Encomendação ao Espírito do Dr. Sousa Martins
"Ao sol posto ou ao escurecer do dia, acenda uma vela ou uma lamparina de azeite na frente duma estampa do Dr. Sousa Martins e dum crucifixo, reza três Pais Nossos, três Avé Marias e três Credos, depois oferece e diz, eu ofereço estes Pais Nossos, estas Avé Marias, estes Credos à força de Deus Pai Omnipotente, que destes ao mundo um Espírito com tanta Luz Divina que é o Espírito do Dr. Sousa Martins, Espírito do Dr. Sousa Martins está comigo, Espírito do Dr. Sousa Martins eu vos peço pela parte de Deus e da Santíssima Trindade fazei com que (faz o pedido que deseja) que eu prometo deixar esta vela acesa até se gastar toda,

---

[38] *"Para designar o acto de dirigir-se a uma divindade, a linguagem popular utiliza a palavra rezar que, etimologicamente, significa recitar, dizer uma fórmula; os fiéis rezam murmurando."* (Espírito Santo, 1990, p.145)

[39] Chakras são centros energéticos no nosso corpo. São sete os principais chakras: básico, sexual, plexo solar, cardíaco, laríngeo, frontal, coronário.

*faz nove dias seguidos sempre igual e sempre à mesma hora, ou continua a fazer
o pedido até se realizar a graça que deseja, apaga a vela ou a lamparina com os
dedos polegar e indicador e assim se faz todas as noites. Quando se der a graça
desejada, então acenda a vela, reze os três Pais Nossos, três Avé Marias e três
Credos e ofereça deixando a vela ou a lamparina acesa até se gastar toda a vela
ou todo o azeite que é para pagar a promessa que se fez.*
*Esta encomendação feita com fé e devoção tem-se tornado muito eficaz, conse-
guindo-se assim as graças desejadas. Quando não for possível fazer-se à hora
indicada, pode-se fazer noutra hora que seja possível, mas sempre a uma hora
certa.*
Extraído de *Orações e Preces*, 1993, pp.4-6

2.4.1.3 Intervenções de Sousa Martins

Os crentes recorrem a Sousa Martins em busca de graças e milagres. Poder-se-iam
entender as "graças" como os benefícios concedidos pelo santo em favor da pessoa
que a ele recorre. No fundo, é a concretização do desejo formulado pelo crente e
pedido ao santo. Os milagres assumiriam já uma intervenção difícil de explicar através
do actual conhecimento humano. No entanto, habitualmente estes termos acabam
por ser utilizados indiscriminadamente.[40]
É comum o recurso a Sousa Martins, quando há necessidade de uma intervenção
cirúrgica. O seu papel será o de garantir que tudo correrá bem. Há, no entanto,
relatos da sua miraculosa intervenção, levando a que não houvesse já a necessidade
de operação. Uma senhora afirmou que o marido iria ser sujeito a intervenção cirúrgica à garganta. Esposa pediu intercessão de Sousa Martins. Quando fez os últimos
exames para poder ser depois operado, os médicos constataram que a operação já tinha
sido realizada. São também comuns relatos de pacientes que dizem ter sido assistidos
por ele no hospital.
Perante casos graves a nível de saúde (cancro, perda de visão, meningite, situações de coma, doenças raras, problemas cardíacos, AVC's, complicações de saúde ainda
não diagnosticadas...), os crentes pedem ou a intervenção directa de Sousa Martins
sobre o doente ou pedem-lhe que 'ilumine' os médicos. A eficácia da cura resulta,
então, das práticas da medicina convencional sob influência/orientação divina.
São citados casos de desaparecimento de dor após feridas graves, e casos de
depressão que, com o auxílio e amparo de Sousa Martins, são ultrapassados. Mas
como é que ele ampara? Os crentes dizem sentir a sua presença por perto. É frequente o recurso à expressão "falar com ele". Sousa Martins é apresentado como
uma entidade que interage, comunica, dialoga. Muitos devotos afirmam ouvi-lo.
Escutam os seus conselhos. Sousa Martins *compreende* os problemas e sentimentos
dos devotos e *faz-se compreender.*

---

[40] Cabral define o milagre como *"todo o acontecimento que corresponde a um desejo previamente expresso
do indivíduo, e particularmente se esse desejo tiver sido manifestado por meio de rezas, promessas ou votos"*
(CABRAL[a], 1984, p.105)

As graças recebidas não se prendem apenas com casos de saúde. Muitas pessoas recorrem ao santo quando têm problemas com os filhos (ex.: filha 'desencaminhada', problemas escolares). Há casos em que as mulheres, através da devoção por Sousa Martins e com o seu amparo, ganham coragem para deixar os maridos que as maltratam. Um outro caso relatado é o de uma senhora que deixara uma vela acesa a Sousa Martins em cima do lava-loiça. Quando chegou a casa, havia fumo negro por todo o lado. Observando a cozinha, parecia que o fogo tinha sido travado (*"chegou até meio da caixa de fósforos, não chegou aos detergentes, porta estava preta em baixo. Parecia que alguém tinha parado o fogo ali"*. Contou uma senhora que, há muitos anos atrás, a filha foi mal-educada com ela. Pois, nessa noite, a filha estava a dormir e sentiu baterem-lhe. Fora Sousa Martins que lhe dera um estalo pela má educação.

Sousa Martins auxilia na própria mudança de atitude face à vida. *"Faz entender melhor a vida, com mais amizade, mais alegria, mais amor, com bons conselhos."*

A relação temporal linear situação-pedido e intervenção-desfecho (ex.: perda de visão – pedido a Sousa Martins para a cura – recuperação da visão) nem sempre sucede. É o caso de uma senhora que, tomando conhecimento de que o filho tivera um acidente de mota, pede a intervenção de Sousa Martins. O filho não sofrera qualquer dano (apenas a mota) e a senhora considerou que isso se deveu ao santo. Nem sempre há, portanto, uma relação temporal lógica na atribuição da intervenção de Sousa Martins.

E quando o santo não atende o pedido? Pudemos encontrar três tipos de justificação para o facto de não ter havido a resposta pretendida: a) Deus não permitiu essa intervenção, b) há demasiados pedidos e ele encontra-se demasiadamente ocupado (neste caso, faz-se o pedido a outro santo mais disponível), c) Sousa Martins optou por não realizar o desejo do devoto e fez o que entendeu ser o melhor (ex.: caso de uma senhora que pediu para que o marido, que estava à morte, se salvasse, mas o marido morreu – Sousa Martins *"sabia que era melhor assim; ele [marido] nem sempre me tratava bem"*).

3.4.2 Os locais de culto

Faremos um breve roteiro pelos locais de culto a Sousa Martins, locais estes em que os devotos procuram sentir, de forma mais intensa, a sua presença. Cingimo-nos a Lisboa e Alhandra, ainda que pudessem ser alvos de atenção outros locais, nomeadamente a Guarda. Se em alguns locais é manifestamente visível o culto público, assumindo estes grandes dimensões pelo número de devotos e número de ex-votos (cemitério de Alhandra, Campo dos Mártires da Pátria), outros assumirão menor visibilidade (Praça 7 de Março em Alhandra). Incluiremos o Museu de Alhandra, com características peculiares, e a Farmácia Ultramarina.

3.4.2.1 Campo dos Mártires da Pátria

No Campo dos Mártires da Pátria, *"entre a Faculdade de Medicina de Lisboa e o Patriarcado – entre quem nos trata do corpo e quem nos cuida da alma"* (PEREIRA, 1996, p.23), ergue-se a estátua de Sousa Martins, datando esta de 1904.

História curiosa se gera em torno da elevação da estátua.

Após a morte de Sousa Martins, diversos amigos conceberam a ideia de erguerem um monumento que lhe perpetuasse a memória. Ficou a obra a cargo do escultor Queiroz Teixeira. *A Medicina Contemporânea* (1898) apresenta a descrição do esboço da obra.

"A parte central compõe-se de um pedestal, onde assenta uma pirâmide de base rectangular, encimada por uma bandeira, apanhada, e cobrindo o escudo das armas nacionais. Na face, que a comissão pensa em voltar para o edifício da Escola médica, vê-se sentada, sôbre um pedestal, numa atitude de concentração, a figura do médico, com as vestes de professor, tendo na mão um livro marcado ainda com o dêdo, na posição de quem leu e está meditando. Por debaixo encontra-se a figura de uma camponesa, simbolizando a gratidão, oferecendo-lhe uma flôr. Na face oposta vê-se a figura da Sciência. Nas outras duas faces, dois mascarons devem lançar um filete de água sôbre duas conchas enfeitadas com plantas marinhas."
(cit. SILVA[c], 1926, 107)

Foi a obra inaugurada a 7 de Março de 1900, data de comemoração do nascimento de Sousa Martins. Coberta com a bandeira nacional, foi desvendada pelo Rei. Surge, então, aos olhos da multidão, o monumento, causando *"tristissima impressão"* (*A Nação*, 08/03/1900). Após a inauguração, sucedem-se as críticas ao autor da escultura, que *"demonstrou cabalmente que não teve um só momento d'inspiração"* (idem).

"Se, debaixo da Bandeira das Quinas, tivesse apparecido o diabo em carne e osso com seus competentes adornos, a estupefacção não seria maior! Em vez da figura do eminente professor, eis que apparece um vulto quasi de cócoras, em posição nada academica, aos pés d'elle uma sirigaita acenando-lhe, duas bicas ladeando o grupo, e lá em cima, á laia de osga, um escudete de fórma mais ou menos phantastica e desgraciosa!" (RIBEIRO, 1904, p.256)

Imagem extraída do Arquivo Municipal de Lisboa

Apelidado de "espantalho", "aventesma", "paranoica producção", "attentado de lesa-arte", "estapafurdio avejão"[41], "sacrilegio artistico"[42], "vergonha nacional", "aberração

---

[41] RIBEIRO, 1904, pp.256, 257
[42] CARVALHEIRA, 1904, p.294

da arte"[43], o monumento suscita comentários jocosos e reproduções humo-rísticas:*"uma obra que se comprehende seja pathologica... visto que Sousa Martins era professor de pathologia"* (*A Nação*, 08/03/1900).

O autor foi fortemente atacado pela crítica, que o caracterizou de "cerebro doente", "tresloucado auctor", "escultor-trôlha" (RIBEIRO, 1904, pp.256, 257). *"Quem viu uns bonecos de pão-doce que vendia o padeiro da Calçada do Carmo, logo põe dedo nos modelos do supradito Queirós pràs suas ninfas."* (ALMEIDA[d], 1960, p.109)

O monumento é substituído por outro, da autoria de Costa Mota, e é inaugurado precisamente quatro anos depois, em nova comemoração do nascimento de Sousa Martins. É a estátua que presentemente se pode observar no Campo dos Mártires da Pátria.

Imagem extraída de Arquivo Municipal de Lisboa

É em torno deste monumento que tantas pessoas prestam culto a Sousa Martins. São inúmeras as placas de mármore, oferta dos devotos agradecidos pelas graças obtidas e desejos concretizados pela intervenção do santo. Aí acorrem centenas de pessoas, nas datas de comemoração do nascimento e falecimento e no dia de finados. Há sempre, no entanto, ao longo de todo o ano, devotos que rezam, que oferecem flores e lhe acendem velas. A par com os devotos, surgem os vendedores de flores, velas e artigos místicos diversos referenciados a Sousa Martins.

3.4.2.2 Cemitério de Alhandra

Situa-se o cemitério de Alhandra no cimo da vila, ao lado da igreja Matriz.

Similarmente ao que sucede no Campo dos Mártires da Pátria, o jazigo de Sousa Martins é comummente visitado pelos crentes[44]. Diz Teotónio Pereira que *"há uma*

---

[43] *O Século*, 18/01/1901

[44] Também Sousa Martins visitava frequentemente o cemitério após a morte da mãe. *"Sousa Martins visitava a miudo o cemiterio e contribuia particularmente para a sua limpeza, ajardinamento e especial cuidado no jazigo."* (*Vanguarda*, 21Ago1897, p.2)

diferença crucial: o corpo de Sousa Martins está presente" (PEREIRA, 1996, p.28). Será aqui o local por excelência do entrelaçamento entre o terreno e o sagrado. Está presente o corpo-matéria do santo.

Por instruções da família, o jazigo apenas é aberto dois dias por ano – 7 de Março e 18 de Agosto. Nestes dias, a fila de pessoas para entrar no jazigo ultrapassa o imaginável. Os devotos aguardam o tempo que for necessário (podem ter de esperar mais de duas horas) para se poderem aproximar da última morada terrena de Sousa Martins e aí formularem pedidos e agradecerem a sua intercessão. É comum verem-se alguns devotos de joelhos, rezando, ainda que representem uma curtíssima minoria. Há, por vezes, médiuns orientando a oração – reza-se colectivamente o Pai-Nosso. Muitas pessoas manifestam sofrimento e, ao aproximarem-se do jazigo, acalmam. Dizem vir mais tranquilas.

O cemitério dispõe de um local apropriado para queimar velas. As placas oferecidas ultrapassam em muito a dimensão do jazigo, revestindo todo o muro por trás dele.

Nos dias de grande movimento, a rua por detrás da Igreja enche-se de bancadas para venda flores e de produtos místicos. Surgem roulotes de bifanas e farturas.

3.4.2.3 Praça 7 de Março, em Alhandra

Em frente à Junta de Freguesia, na Praça 7 de Março[45], encontra-se um monumento a Sousa Martins. Trata-se de um busto modelado pelo escultor Costa Mota. Foi colocada a primeira pedra a 18 de Agosto de 1904, pelo Presidente da Câmara de Vila Franca de Xira. À sua volta, são depositadas flores.

Alhandra – Busto de Sousa Martins na Praça 7 de Março

---

[45] O nome da Praça faz indirecta alusão a Sousa Martins, referindo a data do seu nascimento. Já tivera, contudo, o nome de "Praça Sousa Martins" (CÂNCIO, 1938).

3.4.2.4 Museu de Alhandra – Casa Dr. Sousa Martins

A ideia de criação do museu remonta aos anos 60. Constituída a comissão instaladora do futuro museu, em 1964, procedeu-se à recolha de documentos, fotografias e objectos vários que o viriam a integrar. A aquisição da casa onde nascera e vivera Sousa Martins só se concretiza em 1984, por subscrição pública nacional. O edifício foi sujeito a obras de recuperação e ampliação. Conta actualmente com seis salas: Galeria Augusto Bertholo (exposições temporárias), Sala Joaquim José Ferreira Gordo (actividades económicas de Alhandra – exposição intitulada «Do telhal à fábrica»), Sala Dr. Sousa Martins (documentos manuscritos, fotografias e objectos que pertenceram a Sousa Martins), Sala Salvador Marques (documentos históricos relativos à vila de Alhandra, biblioteca específica do museu), Sala Afonso de Albuquerque (exposição de traje e artes plásticas), Sala Joaquim Baptista Pereira (exposição «O desporto em Alhandra»).

"O Museu de Alhandra – Casa Dr. Sousa Martins é uma Instituição cultural de pesquisa e de divulgação do Património tangível e intangível que constitui o seu acervo. Compete-lhe a preservação das colecções e é sua finalidade o desenvolvimento da Cultura, da Pesquisa e do Ensino.
Cumpre-lhe divulgar a vida e obra de José Thomás de Sousa Martins e cultar a sua memória, promovendo a publicação de obras suas e de sua interpretação.
Cumpre-lhe manter o Museu, casa onde nasceu o Dr. Sousa Martins aberto a visitas públicas, tornar acessível a consulta da Biblioteca e arquivo privado nomeadamente à investigação, promover estudos sobre assuntos relacionados com o Dr. Sousa Martins, vida e obra, e outros estudos sobre a história local."
(www.museusousamartins.org)

Alhandra – Museu de Alhandra – Casa Dr. Sousa Martins

O Museu acaba por funcionar como difusor do culto a Sousa Martins. Os devotos visitam o Museu, não pelo Museu em si e a sua função de divulgador de cultura e conhecimentos, mas pelo facto de ser a Casa onde nasceu e viveu Sousa Martins. Crentes constatam uma *presença mística* nesta casa. Ao subir as escadas, há quem sinta ser empurrado. Uma senhora com grande dificuldade de visão afirmou ter conseguido escrever perfeitamente no livro de visitas (ao cimo das escadas), apesar da dificuldade visual e da falta de luminosidade.

A Sala Dr. Sousa Martins é entendida como um altar de relíquias, que são quase alvo de adoração. Alguns devotos visitam o Museu (mais concretamente a Sala Dr. Sousa Martins) há já vários anos. Sempre que vêm, confirmam a existência de todos os documentos e objectos. Parecem tranquilizar-se ao encontrarem-nos nos mesmos sítios. Questionam qualquer alteração que detectem na sala.

3.4.2.5 Farmácia Ultramarina

Situada na Rua de São Paulo, na zona do Cais do Sodré, mantém-se a Farmácia Ultramarina. Fundada por Lázaro Joaquim de Sousa Pereira, tio materno de Sousa Martins, foi o primeiro local onde Sousa Martins trabalhou.

Lisboa – Farmácia Ultramarina, Rua de São Paulo

Segundo informações da responsável, há pessoas que vão à farmácia por esta estar relacionada com a vida de Sousa Martins. Dizem sentir-se bem com os produtos aí adquiridos.

Numa zona mais interior da farmácia, num local mais recolhido, é possível encontrar um espaço 'dedicado' a Sousa Martins, com imagens dele e objectos que lhe pertenceram. É ainda possível adquirir livros de Cunha Simões[46].

3.4.3 Produtos místicos

Os produtos ou artigos místicos, também designados de esotéricos, funcionam como uma espécie de ponte ou de comunicação com o plano espiritual ou sobrenatural. Aqui

---

[46] Ver Capítulo *Visões sobre o fenómeno Sousa Martins*

se incluem velas, amuletos, medalhas, estatuetas, imagens, incensos, essências, óleos, fluidos, sabonetes...

Mas em que difere, por exemplo, uma vela que se tenha em casa para quando falta a electricidade de uma vela utilizada em rituais? Em alguns casos, a diferença reside primeiramente no fabrico e preparação da vela. Há velas cujas cores e 'ingredientes' (ervas, sal, essências) são escolhidos em função de um objectivo. Por exemplo, a canela associa-se à prosperidade material. Dentro do esoterismo, há uma associação entre situações/aspectos da vida humana (relacionamentos, emprego, saúde, separações, êxito social...) e ervas, cheiros, cores... Pode contudo utilizar-se uma simples vela branca que se tenha por casa para realizar qualquer ritual. O que está aqui em causa e o que dá eficácia à utilização da vela é, então, a intenção. O mesmo tipo de vela pode ser utilizada num ritual de protecção ou num ritual para dominar uma pessoa ou situação.

O acreditar na eficácia real destes produtos implica a atribuição de significado. Um amuleto, aos olhos de quem não acredita, não passará de um mero objecto. Para quem acredita, o objecto representa a intenção em si. Um amuleto utilizado para melhorar a saúde acaba por se assumir como a própria saúde. O crente tendo na sua posse esse amuleto acredita ter e manter a saúde. Um amuleto de protecção garante ao indivíduo estar 'protegido' (contra situações negativas); se o indivíduo o perde, acredita ter perdido protecção, ficando sujeito a imprevistos, negatividades, situações que correm mal.

Integrados no culto a Sousa Martins, encontramos diversos produtos místicos. Podem ser adquiridos em qualquer loja que comercialize produtos místicos. Em Alhandra, velas, livros e produtos relativos a Sousa Martins podem ser habitualmente comprados no quiosque em frente à Igreja. O próprio Museu de Alhandra tem também livros e artigos místicos.

As estatuetas, medalhas, pagelas e imagens de Sousa Martins, tal como sucede com outras entidades, acabam por representá-lo a ele próprio. Os crentes, ao trazerem consigo a imagem de Sousa Martins (é muitíssimo frequente terem imagens na carteira), asseguram a presença constante do próprio santo.

O relato de uma senhora ilustra bem esta simbiose entre o objecto-imagem e a própria entidade. *"A gente fomos para a terra trabalhar. E a gente não estávamos a ser ajudados a apanhar azeitona. E a gente achámos um jornal e ele, para aquela zona, o Sousa Martins nunca anda, que é a zona do Alentejo. E a gente íamos a passar e dissemos assim: - Ah! Olha aqui o Sousa Martins, apareceu à gente no jornal. Assim que a gente pusémos o Sousa Martins em casa, no monte onde a gente vivia, a gente saía a apanhar muita colheita de azeitona. A gente fomos ajudados. (...)"*[47]

Existem diversos tipos de velas. Encontram-se velas e velões preparados para casos de saúde, pedindo a intercessão de Sousa Martins. Há conjuntos de nove velas, para as designadas novenas. São habitualmente de cor verde, cor associada à saúde e cura. Há velas com oração destinadas a formular pedidos e velas de oferenda, para agradecer a resposta aos pedidos solicitados.

---

[47] Relato recolhido em entrevista, no Campo dos Mártires da Pátria, a 7 de Março de 2007.

O acender uma vela representa o iluminar do caminho que permite aos mortos aproximarem-se dos vivos. É um identificador da localização do crente que chama a entidade. São também colocadas velas nas 'moradas' do santo (no caso, cemitério de Alhandra e estátua no Campo dos Mártires), para que, tendo luz, possa mais facilmente fazer-se presente. Uma senhora da Nazaré, há já 25 anos que vai a Alhandra "alumiar".

Em medalhas, porta-chaves, molduras, surge, por vezes, a imagem de Sousa Martins e a de outro santo (São Cristóvão, Sãozinha, Padre Cruz...). Nos porta-chaves é comum a junção com São Cristóvão, protector nas viagens.

Os incensos são utilizados para limpeza de espaços. Libertam o espaço (residências, áreas comerciais...) de energias negativas acumuladas e funcionam como forma de protecção, evitando que se voltem concentrar esse tipo de energias.

3.5 Relações com a Igreja Católica

3.5.1 Igreja Católica Romana

Sousa Martins foi baptizado na Igreja de Alhandra. Não teria, durante a vida, ligações ao culto católico, dadas as sua convicções de cariz positivista-materialista. Morreu *"não tendo recebido os sacramentos de Santa Madre Egreja"*[48]. Curiosamente, contribuiu indirectamente para a construção da actual Igreja Matriz. A ermida que se situava nesse local incendiou-se em 21 de Agosto de 1887. Após a morte de Sousa Martins, o ministro das obras públicas, como homenagem à sua memória, manda demolir as paredes em ruínas e é elaborado projecto para construção de uma nova igreja, *"visto ser naquele templo que [Sousa Martins] recebeu as águas do baptismo"* (CÂNCIO, 1938, p.348).

Alvo de culto de tantos crentes e eleito 'santo' pela população, como reage a Igreja Católica a esta santificação popular? Em Alhandra, dado o cemitério ser ao lado da igreja, não poderia o culto passar despercebido aos olhos da instituição...

Em 1983, a 5 de Março, pouco antes do dia da comemoração do 140º aniversário do nascimento de Sousa Martins em Alhandra, o Padre Tomás, em carta aberta à população, diz ser admirador de Sousa Martins, pelas suas virtudes, considerando-o modelo para os jovens. Critica, sim, a crendice, gerada em torno do médico.

"O que, como homem que sou, sempre estive, estou e estarei (porque já não estamos em época disso) é contra o obscurantismo da crendice, em que, particulares interesses envolvem, em larga propaganda, o nome do Dr. Sousa Martins provocando o grave risco de ocultar o seu real valor e vir, nos séculos futuros, a torná-lo conhecido (como já o é, hoje, por grande multidão) não como eminente cientista, mas, apenas, como simples curandeiro, o que seria desonroso.

---

[48] Extraído da Certidão de Óbito

O que, como católico e padre, sempre estive e estarei, é contra a atitude (até de certos católicos, aparentemente praticantes, que nunca se preocuparam com o aprofundamento da Fé e ignoram os mais elementares caminhos) de pretenderem ligar a crendice , á Fé.

São incompatíveis, embora partam ambas de uma raiz comum: a existência de um poder superior, no além.

A crendice é um movimento popular, nascido na incontestável e mal definida certeza interior e individual da existência de um poder superior, motivado pela insegurança do homem, perante as forças da natureza e a doença que o invade, e, ás quais, por ignorância, não consegue dar resposta e o leva a aceitar tudo, como tábua de salvação, sem um prévio exame crítico.

A Fé, ao contrário, é a aceitação racional da revelação feita por Deus (esse poder superior) ao homem e que lhe desvenda, não só os horizontes no Além, como o mistério da existência, do sofrimento do próprio homem e está cientificamente apoiada, não só pela história, como pela filosofia e demais ciências, cujas críticas ultrapassa, e á luz das quais se liberta das tendências humanas á crendice."[49]

O padre Tomás dirige-se aos católicos que seguem o culto de Sousa Martins, dizendo que cada um é livre de escolher os seus caminhos, mas que deveriam abandonar a Igreja católica, pois não podem"*servir a Deus na verdade proposta pela Igreja e ao demónio que no dizer de Jesus (Jo.8-44) é o pai da mentira, na crendice proposta pelo mundo."*

Tendo mantido as portas da igreja encerradas aquando das comemorações, o Padre Tomás é fortemente criticado pela população. Em nova carta, dirige-se aos paroquianos, afirmando manter a porta fechada *"de modo especial, nos dias em que houver grandes manifestações, com características de romaria em volta do túmulo do Dr. Sousa Martins, não como represália contra ele que a não merece, e está alheio a tudo isto, mas como arma de defesa da Fé que professo e da qual sou responsável".*[50] Explicita que o culto religioso só pode ser prestado a Deus e aos santos – com a permissão de Deus. E coloca a questão da incerteza do local onde se possa encontrar, como adulto que era,[51] a alma de Sousa Martins. O Padre Tomás deseja que esteja no céu, mas há a considerar o purgatório e, bem pior do que o isso, o inferno. Nesse caso, a prestação de culto a Sousa Martins implica a adoração do Demónio. Não pode, pois, considerar-se santo, pois não houve milagres cientificamente comprovado (*"esterismos há muitos"*).

Actualmente, a Igreja mantém habitualmente a porta lateral aberta e está encerrada a principal. Contrariamente ao que sucedia anteriormente, é precisamente nos dias de grande movimento que a porta principal é aberta. Dentro da Igreja, encontramos uma mesa com produtos religiosos para venda. Nenhum se relaciona com Sousa Martins, dado não pertencer ao 'panteão' de santos da Igreja Católica. Mas podem encontrar-se artigos relacionados com diversos santos católicos e Nossa

---

[49] Extraído da carta do Padre Tomás aos paroquianos, de 05/03/1983

[50] Extraído da carta do Padre Tomás aos paroquianos, de 23/04/1983

[51] As criancinhas baptizadas, segundo o Padre, estariam obviamente no Céu, juntamente com Nossa Senhora e os pastorinhos de Fátima.

Senhora, presépios, livros de orações e explicativos de sacramentos... Nos dias em que a porta é aberta, essa mesa é colocada logo na entrada da Igreja.

O actual pároco de Alhandra, Padre Gonçalves, em entrevista (08/11/2006), afirma que Sousa Martins não é santo porque não tinha nenhuma religião e, como tal, nenhuma religião o pode considerar como santo seu. *"Mas foi 100% cristão. Isto não tem a ver com rituais, mas com bondade."*

Considera que a Igreja lida com o fenómeno Sousa Martins, em primeiro lugar, numa atitude de abertura, não condenando as pessoas. Numa atitude de acolhimento, nos dias de aniversário do nascimento e da morte de Sousa Martins, a igreja de Alhandra abre as suas portas. As pessoas podem utilizar a casa de banho e é colocada água fresca à disposição. Apenas se exige respeito dentro da igreja. Podem adquirir artigos religiosos...

O Padre Gonçalves projecta criar, nesses dias, na igreja, momentos de oração, principalmente por uma questão de *"centralidade na pessoa de Jesus Cristo"*. *"Muitas vezes, as pessoas andam de santo em santo e esquecem o principal"*.

Relativamente às curas, às "graças" que as pessoas afirmam ter recebido, como em qualquer caso, devem ser analisadas, estudadas e comprovadas. *"Não há oposição entre fé e ciência. Ciência entendida não só como conhecimento científico e tecnológico, mas como desenvolvimento intelectual do homem (uns desenvolvem, outros não...). A fé é o desenvolvimento do coração."*

As pessoas, acreditando na cura, podem ultrapassar algumas doenças. É positiva a crença em Sousa Martins, se servir de instrumento para as pessoas melhorarem.

Referindo-se à religiosidade popular considera que muitas vezes, tem pouco conteúdo bíblico. *"As pessoas atendem mais aos dias festivos, aos santos... Isto já vem da Idade Média. Pessoas fixavam o que o padre do sítio dizia - uma parte em latim. Só há pouco tempo é que os católicos começaram a ler a Bíblia."*

3.5.2 Igreja Vetero-Católica

O fenómeno de culto a Sousa Martins, não passando despercebido à Igreja Católica Romana, foi também alvo de atenções por parte da Igreja Vetero-Católica, ainda que a atitude perante a sua 'consagração popular' seja completamente diferente.

A Igreja Velho-Católica crê *"em toda a Revelação Divina contida nas Sagradas Escrituras"*[52]. *"É parte histórica da Igreja Una, Santa Católica e Apostólica que teve as suas origens nas primeiras comunidades cristãs fundadas pelos apóstolos."* Ter-se-á dado a separação aquando do dogma da infalibilidade papal, que não foi aceite.

Os vetero-católicos são independentes da jurisdição papal. Crêem em Jesus Cristo, como única possibilidade de salvação, crêem nos sacramentos. Defendem o dízimo, para sustento da Igreja.

A Igreja Vetero-Católica, em Portugal, designada por Igreja Apostólica Episcopal, surge em 1987, em Mafra, presidida por D. António José da Costa Raposo, actual arcebispo-primaz.

---

[52] Extraído de http://ecclesiavetcat.no.sapo.pt/

Sousa Martins, não tendo pertencido a qualquer Igreja em vivo, acaba por ser integrado na Igreja Apostólica Episcopal, 93 anos após a sua morte.

A 9 de Dezembro de 1990, em Aula Magna da Universidade de Lisboa, Sousa Martins é santificado, por decreto apostólico de D. Luiz Fernando Castillo Mêndez, patriarca mundial das igrejas católicas e apostólicas nacionais. A sessão foi presidida por D. António Raposo, coadjuvado por D. Olindo Ferreira Pinto, bispo do Rio de Janeiro. Consagra-se, assim, o culto a São José Tomás. O dia escolhido para comemoração deste santo foi o de 18 de Agosto (data da sua morte).

CAPÍTULO 4

VISÕES SOBRE O FENÓMENO SOUSA MARTINS

"Nem Jesus Cristo, quando veio à Terra, se propôs resolver o problema particular de alguém. Ele se limitou a nos ensinar o caminho, que necessitamos palmilhar por nós mesmos."
(Chico Xavier, cit. http://diariodonordeste.globo.com)

4.1 Correntes Espiritualistas

4.1.1 O Espiritismo

Habitualmente, são utilizadas como sinónimas as expressões espiritismo e espiritualismo, médium e espírita. Apesar de assentarem todas na crença da existência de uma componente espiritual, para além do nosso mundo material, estas expressões não são, contudo, equivalentes.

Pode entender-se por espiritualismo, por oposição ao materialismo, uma doutrina filosófica que pressupõe a existência de um princípio espiritual do homem (genericamente designado por alma), princípio este imortal, distinto do corpo e da matéria. Por extensão, há a crença em Deus ou entidades espirituais, cuja conceptualização é variável nos diversos sistemas religiosos. Dentro da filosofia espiritualista cabem, pois, desde as religiões às crenças pagãs.

O espiritismo situa-se dentro do lato universo do espiritualismo. Assim, *"todo espírita é necessariamente espiritualista, mas nem todos os espiritualistas são espíritas"* (CARNEIRO, 1996, p.21).

Espírita e médium são conceitos diferentes. Mediunidade é a capacidade de comunicar com os espíritos. Apesar de ser comum a toda a humanidade, há pessoas que a têm mais desenvolvida – mediunidade ostensiva. Um médium não tem que ser espírita, pode ser católico, protestante... Também um espírita (pessoa que segue a doutrina espírita) pode não apresentar mediunidade ostensiva.

4.1.1.1 A Doutrina Espírita

Procuremos definir o Espiritismo na sua especificidade.

Enquanto conjunto organizado de crenças e princípios, o Espiritismo surge em 1857, com a publicação d' *O Livro dos Espíritos*, por Allan Kardec[53], que 'institucionaliza' os termos espírita e espiritismo, relacionando-os directamente com a crença na existência dos Espíritos e na possibilidade de comunicação e interacção entre o mundo material e o mundo dos Espíritos.

O Livro dos Espíritos é ainda hoje a pedra basilar do Espiritismo. A obra é constituída por 1019 questões, respondidas pelos Espíritos, contendo princípios acerca da *"imortalidade da alma, a natureza dos espíritos e suas relações com os homens, as leis morais, a vida presente, a vida futura e o porvir da humanidade"* (KARDEC, 2006, p.3). Para além desta obra, fazem parte da codificação: *O Livro dos Médiuns* (1861), *O Evangelho segundo o Espiritismo* (1864), *O Céu e o Inferno* (1865) e *A Génese* (1868), publicados igualmente por Allan Kardec, designado por 'codificador' do Espiritismo.

Após a sua morte , a doutrina espírita continua a expandir-se. Surgem alguns movimentos dentro do espiritismo (por vezes, designados de espiritismo protestante) que não aceitam todo o edifício teórico concebido por Kardec. Existem ainda religiões sincréticas, nomeadamente na tradição afro-brasileira (Quimbanda, Candoblé, Umbanda...), que poder-se-ão entender melhor como espiritualistas e não propriamente como espíritas.

Em que princípios assenta o Espiritismo kardecista? Definido como uma ciência filosófica de consequências morais, assenta nestes três aspectos: ciência, filosofia e moral/religião. *"Como ciência, investiga os factos espíritas. Como filosofia explica-os. Como ética dá-nos um roteiro moral para as nossas vidas."* (www.adeportugal.org).

Apresenta como princípios fundamentais: a existência de Deus – inteligência suprema, causa primeira de todas as coisas, soberanamente justo e bom; a imortalidade da alma; a comunicabilidade com os espíritos – através da mediunidade; a evolução dos espíritos em direcção à perfeição (três 'categorias' de espíritos – espíritos imperfeitos, bons espíritos, espíritos puros); a reencarnação – instrumento de evolução (não é aceite a metempsicose – reencarnação em animais); a pluralidade dos mundos habitados; a moral cristã – conduta de vida; a lei de causa e efeito (o homem tem livre-arbítrio nas suas acções e todas as acções levam a consequências).

Jesus é o guia e modelo da humanidade. O espírito evolui na medida em que cresce em amor e caridade. Poder-se-ia resumir o lema do Espiritismo: Fora da caridade não há salvação! *"Mantendo a consciência tranqüila, auxilia aos semelhantes, quanto puderes e sempre que possível. A caridade é o processo de somar alegrias, diminuir males, multiplicar esperanças e dividir a felicidade para que a terra se realize na condição do esperado Reino de Deus."* (Emmanuel, cit. www.grupoespiritacaridade.org.br).

---

[53] Professor francês, nascido em 1804 e falecido em 1869. O seu verdadeiro nome era Hypollite Léon Denizard Rivail. Adopta o nome de Allan Kardec, acreditando *"ser a reencarnação de um antigo poeta celta que tinha aquele nome"* (GUARDA, 2003, p.70).

A prática do espiritismo pressupõe a adopção de princípios morais, *"que se tra-duzem na vivência dos ensinamentos de Jesus."* (NOBRE *in* Associação Médico-Espírita de Minas Gerais, 1996). E seguindo um dos ensinamentos do Mestre – *Dai de graça o que de graça recebestes* (Mat, 10:8), todos as actividades realizadas nos centros espíritas são inteiramente gratuitas.

Apontam-se como fenómenos de mediunidade: a lucidez (capacidade de visão, conhecimento e audição, que não utiliza os sentidos físicos), telepatia (captação de ideais, sentimentos e pensamentos de um encarnado ou desencarnado), vidência ambiental (capacidade de ver no ambiente circundante símbolos, luzes, espíritos, palavras, frases), vidência no espaço (similar à vidência ambiental, mas os sinais podem ser captados em qualquer outro local distante), vidência no tempo (captação de acontecimentos decorridos no passado ou no futuro); audição (captação de vozes de espíritos ou inerentes à própria Natureza); intuição; incorporação (pode ser consciente, semi-consciente ou inconsciente, variando entre a transmissão telepática até à utilização do corpo do médium por parte do espírito); transmentação (incorporação do espírito na mente do médium); desdobramento (possibilidade de separação temporária entre perispírito[ver 55] e o corpo físico).

4.1.1.2 Espiritismo em Portugal

Durante o século XIX, alguns portugueses, viajando por França, tiveram contacto com o movimento espírita, e divulgaram-no em Portugal. Inicialmente, a discussão e prática espíritas foram desenvolvidas em grupos restritos. Mas o movimento rapidamente se alargou. Torna-se figura de destaque o médium Fernando de Lacerda, com as suas capacidades de psicografia (escrita de mensagens ditadas por um espírito e captadas pelo médium). Recebeu mensagens de diversas personalidades conheci-das já desencarnadas[54], compiladas na obra *"Do paiz da luz"* (1908).

Em 1925, realiza-se o I Congresso Espírita Nacional, promovido pela União Espí-rita Algarvia, que realizara já dois Congressos Espíritas Regionais. Participaram no Congresso Espírita Nacional personalidades importantes: *"Como presidente de honra do Congresso, o General Viriato Zeferino Passaláqua, Dr. António Joaquim Freire – um impar paladino - médico, escritor e conferencista que, quando percorria o país, foi notí-cia dos grandes jornais diários. Dr. Afonso Acácio Martins Velho (advogado e escritor, futuro primeiro presidente da FEP). No movimento, deixaram marcas o Dr. António Lobo Vilela, (matemático e escritor), Maria O' Neill (Academia de Ciências), Dra. Amélia Cardia (médica e escritora), Dr. Alberto Zagalo Fernandes (ex-presidente da Associação Académica de Lisboa), Prof. Dr. Adolfo Sena (da Faculdade de Ciências da Universidade de Lisboa), conselheiro Dr. João José da Silva (presidente do Supremo Tribunal de Justiça), Pedro Cardia (jornalista) e o Prof. Dr. Leonardo Coimbra (Universidade do Porto) – um símbolo mundial."* (http://www.ceca.web.pt)

---

[54] Entre elas, destacam-se Eça de Queiroz, Camilo Castelo Branco, Fialho de Almeida, Alexandre Herculano, Émile Zola, Napoleão Bonaparte, António Vieira, Júlio Dinis, João de Deus ou Antero de Quental (http://pt.wikipedia.org/wiki/Fernando_Augusto_de_Lacerda_e_Mello)

Deste Congresso nasce a ideia de se constituir uma Federação, organizando-se uma comissão que procederia à elaboração dos estatutos. A Federação Espírita Portuguesa (FEP) surge como órgão oficial em Maio de 1926.

O regime salazarista suspende a personalidade júridica da FEP, confiscando o seu património, bem como o de associações espíritas. Após o 25 de Abril, a Federação reorganiza-se. Realiza-se, em 1994, o II Congresso Nacional de Espiritismo.

Contam-se actualmente mais de sessenta casas espíritas.

4.1.1.3 Concepções de saúde e de doença na doutrina espírita

A doença, entendida dentro da filosofia espírita, é inerente ao processo de evolução do indivíduo. Sejam consideradas cármicas, tal como o cancro ou deficiências físicas ou mentais congénitas..., ou tenham origem na actual encarnação, as doenças não se cingem apenas ao corpo físico, mas assumem uma componente espiritual.

O trajecto natural do homem será o da busca da perfeição, através do esforço próprio, libertando-se dos sentimentos inferiores (ódio, raiva, revolta, angústia, desespero, vingança...) e procurando cultivar sentimentos mais elevados (amor, gratidão, caridade, fraternidade, abnegação...). No entanto, nesta longa caminhada do trajecto evolutivo, inúmeras situações há em que se dá o predomínio de vícios, atitudes, comportamentos e sentimentos mais 'grosseiros' que acabam por lesar o indivíduo. Estas lesões ficam registadas no perispírito ou corpo espiritual[55]. Pelo entrelaçamento e estreitas conexões que estabelece com o corpo físico, as lesões acabam por se manifestar no corpo físico, sob a forma de doenças[56]. *"As doenças revelam desajustes da nossa posição existencial. Estes desajustes decorrem da liberdade de que dispomos em face das exigências evolutivas. A dor, a angústia, as inibições são como campainhas de alarme prevenindo-nos de abusos ou descuidos."* (PIRES[b], 1995, p.66) Desta forma, a doença é sempre psicossomática. Os estados mentais influenciam as estruturas orgânicas.

O perispírito regista não só a actual encarnação, mas todo o historial de cada indivíduo, nas sucessivas etapas reencarnatórias, *"é como se fosse um arquivo onde guardamos nosso passado"* (RIGONATTI, s/d, p.46). Como consequência de atitudes, sentimentos e acções passadas incorrectas, o indivíduo pode apresentar uma doença na actual reencarnação. *"É a lei da ação e da reação - ou seja, a cada ação corresponde*

---

[55] *O perispírito seria o 'invólucro' semimaterial da alma, conectando-a ao corpo físico, quando o espírito se encontra encarnado. "Revela-nos a Doutrina Espírita que a natureza do ser humano é essencialmente espiritual, ainda que por muito tempo imprescinda, para o seu desenvolvimento, do adequado suporte carnal.*

Isso faz com que, em longo período de sua historia evolutiva, viva ao mesmo tempo em dois planos existenciais, pois que, imerso na dimensão física, interage com o mundo espiritual, e, desencarnado, liga-se contínua e estreitamente ao mundo material.

Compreende-se, então, que, na verdade, o existir é um interexistir.

E para esse interexistir, que marca a nossa realidade, possibilita-nos a Providência Divina um valiosíssimo instrumento, espelho da alma e sustentáculo do corpo, que é o Perispírito.

O Perispírito é, por excelência, o elo interexistencial." (Zimmermann, http://www.perispirito.com.br).

[56] Também as lesões no corpo físico (suicídio, auto-mutilações) ficam registadas no corpo espiritual.

uma reação. Assim, nossas atitudes presentes vão determinar os rumos futuros do nosso espírito, de modo que nós somos os responsáveis pelo nosso destino." (www.casadobruxo.com.br/ religa/espiritismo.htm) Não se tratando de uma punição, a doença, entendida como carma, é uma ferramenta para o processo evolutivo. Pode haver no entanto atenuação dos sintomas ou mesmo libertação da doença, de acordo com a transformação mental, a mudança de atitudes do indivíduo.

Uma das causas de doença do foro mental, apontada especificamente pelo Espiritismo, e entendida como *"o pior flagelo deste século"*[57] é a obsessão.

A obsessão pode ser externa ou interna. A obsessão interna é um transtorno inerente ao próprio sujeito. O indivíduo, seja por excesso de imaginação, misticismo, fixação mental, contemplação ou introspecção, acaba por criar *"um mundo mental divergente, povoado de idéias fortes ou mórbidas, que se tornam fixas, ou de concepções abstratas ou fantasiosas que se sobrepõem à Razão, estabelecendo no campo da mente um regime de desvario, deslocando-a do campo das realidades ambientes"* (ARMOND, 1991, p.114), havendo predomínio claro do sub-consciente.

Nas obsessões externas, há influência de um espírito sobre o universo mental do outro, podendo a obsessão atingir diferentes níveis. A obsessão pode exercer-se de encarnado para encarnado, de encarnado para desencarnado, de desencarnado para desencarnado ou entre encarnados. Importante para a compreensão da obsessão é a Lei da Afinidade. O indivíduo pode ser obsediado por espíritos inferiores, apenas se se encontrar no mesmo padrão vibratório. Sentimentos de mágoa, revolta, ódio, raiva..., ou seja, imperfeições morais, 'atraem' espíritos com características semelhantes. A terapêutica espírita, sempre a par com a terapêutica convencional, enfatiza a elevação moral, permitindo aumentar o nível da faixa vibratória. São utilizadas técnicas de auto-ajuda (estudo da doutrina espírita, oração, análise de leituras, trabalho de assistência fraterna – colaboração em acções de solidariedade), técnicas fluidoterápicas (passe – transmissão energética, água fluidificada – com fluidos enviados por espíritos auxiliadores), técnicas mediúnicas (tratamentos espirituais e desobsessivos).

Dentro do movimento espírita, tem-se registado uma cada vez maior aproximação entre medicina e espiritualidade. A primeira Associação Médico-Espírita (AME) surge em 1968, em São Paulo. Em 1995, é criada a Associação Médico-Espírita do Brasil, instituição que congrega actualmente 28 AME's brasileiras regionais e estaduais. Existem no Brasil diversos Hospitais Espíritas, onde são colocados em prática, a par com a medicina convencional, os princípios da doutrina Espírita e sua especificidade terapêutica.

Em Portugal, a Associação Médico-Espírita de Portugal foi criada oficialmente em 2007, contando actualmente com dez médicos e três psicólogas. Juntamente com o Brasil, Guatemala, Argentina, Colômbia e Panamá, incorpora a Associação Médico-Espírita Internacional, presidida pela Dr.ª Marlene Nobre. Realizaram-se em Julho de 2007, as II Jornadas Portuguesas de Medicina e Espiritualidade.

---

57 Emmanuel, cit. PRADA, 2004, p.143.

4.1.1.4 O fenómeno Sousa Martins à luz da Doutrina Espírita

À luz do Espiritismo, vários aspectos há a ter em conta nestes fenómenos de religiosidade popular, na procura da cura e na atribuição da melhoria a uma entidade.

Segundo informações recebidas de diversos Centros Espíritas[58], e obviamente no contexto interpretativo da doutrina espírita, este fenómeno pode integrar-se nas relações estabelecidas entre o plano terreno e o plano espiritual.

Quanto à actuação 'real' do espírito Sousa Martins, terá de se ter em conta diversas possibilidades: a) poderá ser o próprio Dr. Sousa Martins a agir, continuando no plano espiritual a missão de auxílio que assumira já enquanto encarnado; b) poderão espíritos benfeitores agir em seu nome (podendo até ser enviados por Sousa Martins, como companheiros de equipa de auxílio espiritual).

Dado que as ondas de pensamento emitidas pelos encarnados, no pedido de auxílio, e captadas no plano espiritual, e o auxílio enviado não sofrem restrições de localização espacial, não seria necessária a presença de Sousa Martins ou dos espíritos benfeitores nos locais precisos onde habitualmente se lhe presta culto.

Em relação às curas propriamente ditas, há a considerar que, em diversos casos, poderão os próprios indivíduos, pela seu desejo de cura e pelas capacidades ainda desconhecidas da mente humana, conseguir ultrapassar situações de doença.

Quando o indivíduo pede a cura, o seu pedido será analisado. Atendendo à lei de causa-efeito, ponderar-se-á o mérito, a mudança das disposições mentais, as atitudes da pessoa. Casos há em que a doença poderá ser benéfica para a própria evolução do indivíduo e daí ela se manifestar na presente encarnação com carácter de expiação/purgação. É, no entanto, sempre lícita a procura da cura.

4.1.2 A concepção espiritualista de Cunha Simões

4.1.2.1 *"Somos deuses ligados a Deus"*[59]

Cunha Simões, com diversas obras escritas, é o grande divulgador e difusor do culto a Sousa Martins. De Norte a Sul do país, se encontram à venda as suas obras. Apresenta, nos seus livros, uma concepção particular acerca da vida extra-corpórea e das relações entre espíritos encarnados e desencarnados. Esta concepção resulta da análise de experiências realizadas no domínio espiritual e de fenómenos paranormais provocados e espontâneos.

Existe um plano terreno e um plano espiritual, havendo uma interligação entre eles. Ao morrer, o espírito entra numa vida diferente, podendo esta ser de purificação ou de benção. Os espíritos de purificação não são contactáveis. Mesmo invocados, não ouvem os apelos. Enquanto viveram no mundo terreno, seguiram o caminho do egoísmo, revelaram falta de amor ao próximo. Habitualmente, só tiveram uma

---

[58] Informação obtida através de questionário enviado a Centros Espíritas.
[59] Título de uma das obras de Cunha Simões

encarnação na Terra. Estes espíritos encontram-se em repouso absoluto, felizes, em contemplação de Deus, podendo viver assim uma eternidade. Estão na presença de Deus, mas não entram no Seu corpo, não fazem parte d'Ele. Esta condição não se assume como um castigo, mas como purificação, sem sofrimento.

Os espíritos de benção formam o corpo de Deus. Este é, assim, entendido como o conjunto de todos os espíritos. "*É o conjunto de toda a humanidade na forma Espiritual*" (SIMÕES[i], 2003, p.11). Desta forma, podem entender-se os espíritos como deuses, dado fazerem parte deste conjunto que é Deus ou Corpo Espiritual. Cada espírito é como uma célula do corpo de Deus. Deus é, portanto, constituído por biliões de células. Os espíritos de benção podem entrar e sair deste corpo de Deus para encarnarem na Terra. Para Deus, todos somos santos, no sentido em que fazemos parte do Seu Corpo. Todos nós acabamos por ser deuses porque estamos permanentemente ligados a Ele. E, desta forma, estados todos interligados. Assim, e porque unidos numa energia imensa, todos temos capacidade para realizar *milagres* – obtenção de desejos, curas...

É possível o contacto com os espíritos de benção. Os espíritos, ao deixarem a Terra, esquecem a sua identidade e perdem a noção dos laços familiares. Apenas quando chamados insistentemente, conseguem recordar quem foram. Os espíritos são totalmente isentos. A sua intervenção junto de quem o invoca não depende da vontade do espírito, dado ser isento, mas apenas da sua aproximação. Ao aproximar-se, irradia energia, energia esta que se conjuga e multiplica a força de vontade e o desejo da pessoa de alcançar determinado objectivo. O objectivo é assim mais facilmente atingível. "*(...) o espírito não faz a mínima ideia de quem o chama. Sabe que alguém lhe quer alguma coisa. Ele sente o chamamento, desce e encosta. A pessoa recebe os seus fluidos positivos e é por isso que muitos pedidos são atendidos. Não porque o espírito tenha a noção do que está a acontecer, mas porque a sua força está direccionada no pensamento daquele que invoca e ele materializa esses pedidos, tal como o espírito se materializa quando reencarna.*" (SIMÕES[j], 2002, p.71)

Cunha Simões considera que o espírito é omnipresente. Esta omnipresença, na verdade, seria aparente – dado o espírito poder viajar "*milhões de vezes a velocidade da luz do Sol*" (SIMÕES[j], 2002, p.29), consegue tocar várias pessoas quase em simultâneo. Para o espírito não há barreiras de espaço – podem ser invocados espíritos que tenham vivido em qualquer parte do mundo –, nem barreiras de línguas – todos os espíritos compreendem a língua utilizada por quem os invoca. Podem ser invocados espíritos 'especializados' em determinadas áreas ou matérias. Apresenta Cunha Simões o exemplo da matemática e a invocação do matemático Pedro Nunes.

Para realizar a invocação do espírito de alguém deve focar-se a sua imagem. O espírito, quando invocado, pode ser percebido na altura ou pode manifestar-se um tempo depois. "*Acreditar é a palavra chave. Experimentar, acreditando sem limites, é o caminho para o Espírito responder à chamada*" (SIMÕES[f], 2000, p.8). Um espírito ignorante, quando invocado, acaba por não auxiliar. Devem conhecer-se, pois, as virtudes demonstradas pelos espíritos enquanto viveram no plano terreno. Aconselha Cunha Simões que a pessoa se dirija ao espírito naturalmente e que converse com ele como faz com qualquer pessoa.

Como condições para a eficácia da invocação, a pessoa deve estar totalmente calma, com raciocínio claro, deve conter emoções e impulsos. Quem invoca não deve manter sentimentos de arrogância, ganância, egoísmo, ódio ou inveja. Não deve ter comportamentos reprováveis (comércio de armas, drogas...). Deve procurar auxiliar e transmitir aos outros os seus conhecimentos. Por outro lado, o local da invocação deve ter condições de higiene – com cheiros desagradáveis, os espíritos não se aproximam.

4.1.1.2 O papel de Sousa Martins enquanto espírito

A ideia de estudo acerca do Dr. Sousa Martins surge como analogia aos fenómenos verificados com o Padre Miguel, conhecido como santo e padre milagreiro, enquanto vivo.

Sousa Martins, tal como João Paulo II, Madre Teresa de Calcutá, Jesus Cristo, Buda, Maomé, e tantos outros, ao desencarnar, foi elevado à categoria de espírito superior. "*(...) estes seres viveram no mundo e aqui se distinguiram pelos seus actos em benefício dos seus semelhantes*" (SIMÕES[1], 2005, p.8).

Segundo Cunha Simões, o espírito de Sousa Martins 'baixa' com muita facilidade, ou seja, facilmente se aproxima de quem o invoca. A sua força resulta do facto de, enquanto esteve na Terra, ter auxiliado desinteressadamente muitas pessoas. Por outro lado, é um espírito que teve já muitas reencarnações, tendo actualmente grandes poderes sobrenaturais.

O Dr. Sousa Martins auxilia em diversas situações, desde casos de saúde urgentes a sentimentos de solidão, fazendo companhia a quem o procura. Manter-se-á Sousa Martins junto de quem a ele recorrer até voltar a reencarnar. Cunha Simões indicara em obras anteriores que acreditava que Sousa Martins reencarnasse ainda no século XX. Na obra "*O segredo do Dr. Sousa Martins*", esclarece que Sousa Martins não reencarnará antes de 2103.

Afirma Cunha Simões que Sousa Martins tem deixado indicações para que se consiga alcançar mais conhecimento, riqueza, saúde e bem-estar. Uma delas é a de que "*ninguém se envergonhe do trabalho que faz*" (idem, p.34). Aconselham-se os pais a não tirarem os filhos da escola.

4.1.2.3 Objectivo maior

Cunha Simões, apesar de em diversas obras afirmar não tornar a escrever sobre os mesmos temas em torno de Sousa Martins e a relação do mundo terreno com o espiritual, tem vindo a lançar ininterruptamente novas obras. Deve-se isto ao facto, segundo o próprio, da 'pressão' sofrida. Todos os anos recebe milhares de cartas de crentes, já conhecedores dos seus livros, que relatam curas e fenómenos que vivenciaram.

O lançamento deste género de livros assume uma função educativa. Ao longo das suas obras, promove Cunha Simões o valor da higiene, do trabalho, da instrução, da vontade de estabelecer novas metas para a vida do dia-a-dia e de lutar por elas.

"Eu tive de usar uma espécie de homeopatia mental, fui forçado a descer até aos seus medos [do povo], às suas crenças, às suas superstições para o tentar erguer. Aproveitei a crendice para lhe incutir força através de livros muito simples, mas com algo em que o Povo acredita.

Partindo sempre da ideia daquilo em que crêem, tento demonstrar-lhes que a força está em cada um, que eles são gente válida, que devem estudar, que têm de colocar os filhos na escola, que têm de recusar ser pobres e que podem acreditar nos santos que bem entenderem, mas, principalmente, acreditar neles.

É indiferente a religião que professem. São eles que têm de resolver as suas dificuldades, e repito isto muitas vezes: estudando, aprendendo, cultivando-se, trabalhando e recusando ser pobres. Aplico mesmo expressões desagradáveis como: os pobres são os excrementos de Deus, os pobres são escravos, os pobres são a escória da sociedade. Depois explico: os santos desencarnados ou os espíritos não são mais que energias que se podem aproveitar, mas, para que isso aconteça, é preciso que cada um acredite em si, que lute e esbraceje até alcançar o que pretende. O espírito só ajuda se nós nos ajudarmos a nós mesmo.

É com esta simplicidade que tenho tentado ir em socorro do Povo que eu amo como amo os meus próprios filhos e netos porque compreendi que muitos não conseguem assimilar de outra maneira.

É infame que tenhamos dois milhões de pobres."

(Simões, http://www.cunhasimoes.net/cp/Textos/Portugal/Portugal_liv.htm)

4.2 Parapsicologia: Os meandros da ciência

4.2.1 Pilares da Parapsicologia

A Parapsicologia apresenta-se como a ciência que tem por objecto *"a constatação e análise de fenómenos à primeira vista misteriosos, que apresentam porém a possibilidade de serem resultado das faculdades humanas"* (http://www.mlalbuquerque.com). A produção desses fenómenos é então atribuída ao *"homem vivo e presente ao fenómeno"* (ALBUQUERQUE, s/d, p.3). Maria Luísa Albuquerque refere-se ainda à Parapsicologia como a "Ciência do mistério humano, *mas que termina por desfazer esse mesmo mistério, pois chegamos à conclusão que o maravilhoso, é o próprio ser humano..."* (idem).

A classificação dos fenómenos parapsicológicos pode assentar nas causas e nos efeitos.

Atendendo às causas, os fenómenos subdividem-se em extra-normais e paranormais. A origem dos fenómenos extra-normais é física/fisiológica – prendem-se com ocorrências cujas causas são já estudadas e conhecidas no âmbito da psicologia, mas cujos efeitos são extraordinários. Nos fenómenos paranormais, as causas ultrapassam o actual conhecimento da psicologia e da fisiologia, não sendo de ordem física/fisiológica.

Seguindo como critério, não as causas, mas os efeitos, os fenómenos parapsicológicos podem agrupar-se em fenómenos de efeitos psíquicos, de efeitos físicos e de efeitos mistos. (http://www.isinet.com.br/clap/dicionario/dicionario.asp; ALBUQUERQUE, s/d, p.50).

Dentro dos fenómenos extra-normais da cognição (efeitos psíquicos), integram-se: a) hiperestesia directa – capacidade de captação de estímulos sensoriais mínimos, através de terminações nervosas não diferenciadas (ex.: indivíduos que conseguem identificar a cor através das pontas dos dedos); b) cumberlandismo – adivinhação por contacto (o indivíduo que manifesta faculdades parapsicológicas, através do contacto, capta os movimentos involuntários e inconscientes que acompanham pensamentos, sentimentos e ideias, parecendo adivinhar); c) hiperestesia indirecta – poder-se-ia considerar como o cumberlandismo sem contacto (são captados os pensamentos das pessoas presentes); d) pantomnésia – capacidade inconsciente de reter todas as situações experienciadas; e) criptomnésia – retorno à mente de um facto que estava totalmente esquecido e que é assumido como um facto novo; f) – paramnésia – distúrbio de memória em que parece haver uma recordação do presente (casos de dejá vu); g) xenoglossia – faculdade de falar línguas desconhecidas/não aprendidas (quando são faladas várias línguas simultaneamente trata-se de plurixenoglossia); h) glossolalia – emissão de sílabas sem sentido ou palavras estrangeiras soltas desconhecidas: i) – talento do inconsciente – o inconsciente possui capacidades extraordinárias, podendo originar intuições, sonhos reveladores.

Os fenómenos extra-normais de efeitos físicos são produzidos pela telergia. Trata-se da energia somática do indivíduo, ou seja, energia fisiológica transformada e exteriorizada, que permite agir num raio de 50 metros. Esta telergia possibilitaria, assim, a produção de diversos fenómenos: a) fotogénese – produção de luzes, faíscas, auras; b) tiptologia – produção de ruídos, batimentos, rumores; c) telecinesia – acção sobre objectos distantes (ex.: levitação); d) ectoplasmia – exteriorização e condensação da telergia, podendo esta força condensada ser visível e moldada, originando diversas reproduções (ecto-colo-plasmia – reprodução de membros ou partes de pessoas, animais ou objectos; fantasmogénese – reprodução completa do simulacro ou fantasma da pessoa, objecto ou animal; transfiguração – modificação do corpo do indivíduo, aparentando a imagem de outra pessoa; materialização – seria a reprodução perfeita de um novo corpo, não sendo aceite pela maioria dos parapsicólogos); e) psicofonia – produção de vozes; f) pirogénese – produção de fogo.

Os fenómenos paranormais da cognição são também designados por fenómenos psigama: Ψ (*psi* – início da palavra *psyché,* alma) γ (*gama* – primeira letra de *gnosis*, conhecimento). A capacidade psigama diz respeito ao conhecimento da alma, conhecimento interior, para além do tempo e da distância. Aqui se incluem os fenómenos de telepatia (conhecimento paranormal dos pensamentos ou conteúdo dos actos psíquicos de outrém), clarividência (conhecimento de acontecimentos ou percepção específica de um objecto, não envolvendo os sentidos conhecidos), sugestão telepática (faculdade de captar o que outra pessoa consciente ou inconscientemente lhe quer transmitir ou sugerir).

Os fenómenos paranormais de efeitos físicos referem-se à acção da mente sobre um sistema físico. São também designados de psikappa: γ (*psi* – início da palavra *psyché,* alma) + K (*kappa* – primeira letra de *kinesis*, movimento). Dentro destes fenómenos, encontram-se a ubiquidade (bilocação a grandes distâncias) e o aporte (transporte de objectos sem contacto aparente, aparecimento de lágrimas ou sangue em imagens).

Nos fenómenos de efeito mistos encontramos a hipnose telepática ou subjugação telepsíquica (associada à ideia de feitiço) e casos de curandeirismo. (ALBUQUERQUE, s/d; MOREIRA[a], 1992; GONZÁLEZ-QUEVEDO[b], 1996)

Os fenómenos parapsicológicos situar-se-iam a nível inconsciente do indivíduo, não sendo, portanto, controláveis, e resultando de desequilíbrio psíquico. Desta forma, os fenómenos não devem ser fomentados e será aconselhável terapia psicológica.

4.2.2 O fenómeno Sousa Martins à luz da Parapsicologia

"Hoje e sempre o supersticioso quando desesperado de encontrar remédio para sua doença, experimenta a solução mágica.
A incultura e a superstição não se confundem com a normalidade da verdade, pura e simples, e prefere a explicação mítica. O homem, cansado pelo corriqueiro da vida quotidiana, tende às impressões fortes, e procura o mistério e o espectacular. Se lhe falta espírito crítico adere ao satanismo ou espiritismo. Numa palavra o homem que não tem uma verdadeira crença nem senso comum, facilmente tem crendices e superstição doentia."
(GONZÁLEZ-QUEVEDO[b], 1996, pp.315-316)

Situando os fenómenos parapsicológicos a nível do inconsciente do indivíduo, a Parapsicologia assume um papel de esclarecimento e de 'luta' contra suposta mediunidade ou interpretações espíritas, contra o charlatanismo e a *mentalidade mágico-supersticiosa*. (GONZÁLEZ-QUEVEDO[a], 1980, p.212). Na perspectiva da Parapsicologia, a comunicação entre vivos e mortos simplesmente não existe.

A sensação de presença da entidade (no caso Sousa Martins) e mesmo a aparente melhoria em questões de saúde devem-se ao trabalho inconsciente do próprio indivíduo. Não pode, no entanto, falar-se de verdadeira cura, sem real comprovação médica.

CONCLUSÃO

Sousa Martins, na sua época, revelara forte influência na comunidade médica, na Faculdade, entre alunos e colegas, e na alma do povo. Em Sousa Martins associara-se a legitimidade do conhecimento científico, brilhantes dotes de oratória, humor, carácter bondoso, capacidade de persuasão. Poderíamos genericamente caracterizá-lo como um homem de grande carisma. Ainda que os seus biógrafos refiram o seu carácter humilde, acreditamos que Sousa Martins tinha plena consciência da sua capacidade de influência e de fascinação, da sua inteligência, dos seus dotes e do seu brilhantismo.

Através da clínica médica gratuita, conhecimento médico e persuasão, criando no paciente a convicção da eficácia do tratamento e da certeza da cura, Sousa Martins vai granjeando aura de santidade. A sua personalidade e influência no meio médico e académico não permite que a morte lhe apague a memória. O recordar Sousa Martins, o erguer-lhe uma estátua, as visitas aos cemitério, acabam por se assumir quase como um ritual de culto. A forte recordação do homem que com tal carisma deixou cunhada a sua marca cria uma atmosfera quase mítica que se associa à já existente imagem, ainda que não totalmente delineada, de santo.

Sousa Martins, homem perfeitamente enraizado na doutrina positivista da sua época, pelo seu carácter, auxilia a construção, em torno de si, da representação de santo. E cabe este santo laico, a par com santos católicos e outras tantas entidades/divindades, na religiosidade popular, que o modela e o assume como seu.

Os fenómenos associados ao culto de Sousa Martins, nomeadamente as invocações e manifestações do santo, as aparições e curas, podem ter diferentes leituras, que lhes atribuem diferentes origens. Seja real a presença do santo, possam ser manifestações de outros espíritos ou apenas fruto do inconsciente do crente, certo é que o culto e a crença se vão reproduzindo de geração em geração.

BIBLIOGRAFIA

Fontes manuscritas e documentação original (Museu de Alhandra – Casa Dr. Sousa Martins)

PIEDADE, Manuel da Leonor da – A Sousa Martins (Regresso). Alhandra, 1985
NOGUEIRA, José – [Carta a Sousa Martins]. Lisboa, 7-1-1996
NEGRA, Henrique Manuel da Torre – Um vulto imortal: José Tomaz de Sousa Martins. Alhandra: Esperanto - João Correia Marques.
SOUSA, Abel Avelino Pereira Botto e – Conferência do Snr. Abel Avelino Pereira Botto e Sousa realizada nas salas da Sociedade Euterpe Alhandrense, em memória do Dr. José Tomaz de Sousa Martins, em 25-5-943. Alhandra, 1943.
Padre de Alhandra [Carta aos paroquianos] Alhandra, 5/3/1983
Padre de Alhandra [Carta aos paroquianos] Alhandra, 23/4/1983
Comissão Executiva do Monumento a Souza Martins – Auto de inauguração e entrega ao Município de V. Franca de Xira, do monumento erigido na Praça 7 de Março de Alhandra é memoria do grande medico e sabio professor o Dr José Thomaz de Souza Martins. Alhandra, 23 de Junho de 1908
LIMA, Cazimiro José de – [Carta ao Presidente e Vereadores da Camara Municipal de Lisboa] Lisboa, 12 de Setembro de 1900.
LIMA, Cazimiro José de – [Carta ao Presidente e Vereadores da Camara Municipal de Lisboa] Lisboa, 16 de Novembro de 1900.
LIMA, Francisco Pedrozo – [Excerto da "acta da sessão de oito do corrente mez"]. Lisboa, 16 de Novembro de 1900
LIMA, Cazimiro José de – [Carta ao Rei] Lisboa, 19 de Novembro de 1900.
LIMA, Casimiro José de – [Carta ao Presidente da Camara Municipal de Lisboa] Lisboa, 12 de Dezembro de 1900.
LIMA, Francisco Pedroso – [Officio do serviço d'obras publicas]. Lisboa, 10 de Dezembro de 1900
MOTTA, Antonio Augusto da Costa; LIMA, Casimiro José de – [Condições para a construção do novo monumento] Lisboa, 17 de Dezembro de 1900.
CARDOZO, Agostinho Maria (coronel) – [Carta a Casimiro José de Lima]. Lisboa, 5 de Dezembro de 1900.
AMARAL, Francisco Joaquim Ferreira d' (Presidente da Sociedade de Geografia) – – [Carta a Casimiro José de Lima]. Lisboa, 18 de Maio de 1901.

LIMA, Cazimiro José de – [Carta a Agostinho Maria Cardoso]. Lisboa, 22 de Novembro de 1901.

LIMA, Cazimiro José de – [Carta ao Presidente da Sociedade de Geografia] Lisboa, 28 de Dezembro de 1901.

CARDOZO, Agostinho Maria – [Carta a Casimiro José de Lima]. Lisboa, 31 de Dezembro de 1901.

LIMA, Cazimiro José de – [Carta ao Rei] Lisboa, 01 de Abril de 1902.

MENEZES, Pedro Arnaut – [Carta a Casimiro José de Lima]. Lisboa, 19 de Abril de 1902.

LIMA, Casimiro José de – [Carta ao Presidente da Comissão Administrativa da Camara Municipal de Lisboa] Lisboa, 20 de Abril de 1902.

LIMA, Casimiro José de – [Carta ao Presidente da Comissão de Homenagem a Sousa Martins] Lisboa, 29 de Abril de 1902.

LIMA, Casimiro José de – [Carta a Pedro Augusto Arnaut de Menezes] Lisboa, 03 de Maio de 1902.

CONDE D' ÁVILA – [Carta ao Presidente da Comissão Promotora do Monumento a Sousa Martins]. Lisboa, 09 de Maio de 1902.

PIMENTEL, Fernando Eduardo de Serpa – [Carta a Casimiro José de Lima]. Lisboa, 15 de Maio de 1902.

LIMA, Cazimiro José de - [Carta ao Rei] Lisboa, 15 de Setembro de 1902.

LIMA, Casimiro José de - [Carta ao Presidente da Comissão Administrativa do Municipio de Lisboa] Lisboa, 06 de Outubro de 1902.

CARDOSO, Agostinho Maria - [Carta a Casimiro José de Lima]. Lisboa, 7 de Outubro de 1902.

Panfleto "Comemoração em Alhandra do 1º Centenário do Nascimento do Dr. SOUSA MARTINS"

Fontes impressas

A propósito de um centenário: A figura de Sousa Martins – o grande médico português – evocada nas recordações de infancia do actor Alves da Cunha. Diário de Lisboa (9/1/1943). 22:7230 (1943) 1,7.

À memoria de Sousa Martins. O Século (2/9/1897). 17:5617 (1897) 1.

[Acerca do filho e do neto de Sousa Martins]. Diário de Lisboa (15/10/1935). 15:4637 (1935) 1.

[Acerca do neto de Sousa Martins]. Diário de Lisboa (30/10/1935). 15:4652 (1935) 7.

[Agradecimentos de Gertrudes de Sousa Pereira e Maria Leonor Martins Pereira]. A Nação (31/8/1897). 50:12477 (1897) 2.

A.V. – Sousa Martins. Jornal da Sociedade Pharmaceutica Lusitana. 11ª Série. 3 (1897) 141-146.

ABREU, E. – Sousa Martins e Costa Simões. In A.V. – In Memoriam. Lisboa: Officina Typographica da Casa Moeda, 1904. pp. 361-364.

ALMEIDA[a], António José d' – Sousa Martins. Imprensa Médica (25/2/1937). 3:4 (1937) 26. (Suplemento Artes, Letras e Medicina).

ALMEIDA[b], Fialho d' – Carta a Casimiro José de Lima. In A.V. – In Memoriam. Lisboa: Officina Typographica da Casa Moeda, 1904. pp. 425-435.

ALMEIDA[c], Fialho de - Figuras de Destaque. Livraria Clássica Editora, 1923. p. 267-
-287. (Carta a Casimiro José de Lima - Sousa Martins)

ALMEIDA[d], Fialho de – À Esquina (7ª ed.). Lisboa: Livraria Clássica Editora, 1960.
pp. 95-113.

AMADO, José Joaquim da Silva. – [A propósito do falecimento de José Thomás de
Sousa Martins]. Jornal da Sociedade das Sciencias Medicas de Lisboa. 61:9-10
(1897) 263-264.

ARAÚJO[a], Joaquim de - A Lírica do V Cancioneiro Português da Vaticana – inter-
pretada por João de Deus (Oferecido a Sousa Martins). Padova, Lisboa, 1896.

ARAÚJO[b], Joaquim de - Canção do Berço. Lisboa: Livraria de António Maria Pereira, 1897. [Carta do Dr. J Th. Sousa Martins].

ARAÚJO[c], Joaquim de - Sousa Martins – Versos. Roma: E. Calzone, 1898.

ARAUJO[d], Joaquim de - Uma carta de... além túmulo. In A.V. – In Memoriam.
Lisboa: Officina Typographica da Casa Moeda, 1904. pp. 405-409.

AYRES, Christovam – Não morreu! In A.V. – In Memoriam. Lisboa: Officina
Typographica da Casa Moeda, 1904. pp. 287-292.

BELISARIO – Dr. José Thomaz de Sousa Martins. Cavacos das Caldas. 30 (1897) 1-2.

BORGES, França – Palavras d' elle. In A.V. – In Memoriam. Lisboa: Officina
Typographica da Casa Moeda, 1904. pp. 443-444.

BOTELHO, Abel – Martyres de hoje. In A.V. – In Memoriam. Lisboa: Officina
Typographica da Casa Moeda, 1904. pp. 225-230.

BOUCHARD – Sousa Martins. In A.V. – In Memoriam. Lisboa: Officina
Typographica da Casa Moeda, 1904. p. 39.

BRAGA, Theophilo – Viver na Sympathia. In A.V. – In Memoriam. Lisboa: Officina
Typographica da Casa Moeda, 1904. pp. 59-62.

BREYNER, Thomaz de Mello – Sousa Martins no estrangeiro. In A.V. – In
Memoriam. Lisboa: Officina Typographica da Casa Moeda, 1904. pp. 381-396.

BRISSAUD, E. – [Carta acerca de Sousa Martins]. In A.V. – In Memoriam. Lisboa: Officina Typographica da Casa Moeda, 1904. pp. 105-107.

BRITO, Gomes de – Sousa Martins. Estudante de latim. In A.V. – In Memoriam.
Lisboa: Officina Typographica da Casa Moeda, 1904. pp. 69-85.

BROUARDEL, P. – Deux mots sur Sousa Martins. In A.V. – In Memoriam. Lisboa: Officina Typographica da Casa Moeda, 1904. pp. 455-456.

BURNAY, Eduardo – Carta a meu filho Manuel. In A.V. – In Memoriam. Lisboa:
Officina Typographica da Casa Moeda, 1904. pp. 99-100.

C. – Centenário de Sousa Martins. Novidades (7/3/1943). 58:15226 (1943) 6.

C., E. – Quinze dias na serra da Estrella. Diario de Noticias (24/8/1881). 17:5589
(1881) 1.

C., E. – Quinze dias na serra da Estrella II. Diario de Noticias (25/8/1881). 17:5590
(1881) 1.

C., E. – Quinze dias na serra da Estrella III. Diario de Noticias (26/8/1881). 17:5591
(1881) 1.

C., E. – Quinze dias na serra da Estrella IV. Diario de Noticias (27/8/1881). 17:5592
(1881) 1.

C., E. – Quinze dias na serra da Estrella V. Diario de Noticias (28/8/1881). 17:5593
(1881) 1.

C., E. – Quinze dias na serra da Estrella VI. Diario de Noticias (29/8/1881). 17:5594 (1881) 1.

C., E. – Quinze dias na serra da Estrella VII. Diario de Noticias (30/8/1881). 17:5595 (1881) 1.

C., E. – Quinze dias na serra da Estrella VIII. Diario de Noticias (31/8/1881). 17:5596 (1881) 1.

C., E. – Quinze dias na serra da Estrella X. Diario de Noticias (2/9/1881). 17:5598 (1881) 1.

C., E. – Quinze dias na serra da Estrella XI. Diario de Noticias (3/9/1881). 17:5599 (1881) 1.

C., E. – Quinze dias na serra da Estrella XII. Diario de Noticias (4/9/1881). 17:5600 (1881) 1.

C., E. – Quinze dias na serra da Estrella XIII. Diario de Noticias (5/9/1881). 17:5601 (1881) 1.

C., E. – Quinze dias na serra da Estrella XIV. Diario de Noticias (6/9/1881). 17:5602 (1881) 1.

C., E. – Quinze dias na serra da Estrella XV. Diario de Noticias (7/9/1881). 17:5603 (1881) 1.

C., E. – Quinze dias na serra da Estrella XVI. Diario de Noticias (8/9/1881). 17:5604 (1881) 1.

C., E. – Quinze dias na serra da Estrella XVI. Diario de Noticias (9/9/1881). 17:5605 (1881) 1.

C., E. – Quinze dias na serra da Estrella XVII. Diario de Noticias (10/9/1881). 17:5606 (1881) 1.

C., E. – Quinze dias na serra da Estrella XVIII. Diario de Noticias (11/9/1881). 17:5607 (1881) 1.

C., E. – Quinze dias na serra da Estrella XIX. Diario de Noticias (12/9/1881). 17:5608 (1881) 1.

C., E. – Quinze dias na serra da Estrella XX. Diario de Noticias (13/9/1881). 17:5609 (1881) 1.

C., E. – Quinze dias na serra da Estrella XXI. Diario de Noticias (14/9/1881). 17:5610 (1881) 1.

C., E. – Quinze dias na serra da Estrella XXII. Diario de Noticias (15/9/1881). 17:5611 (1881) 1.

C., E. – Quinze dias na serra da Estrella XXIII. Diario de Noticias (16/9/1881). 17:5612 (1881) 1.

C., E. – Quinze dias na serra da Estrella XXIV. Diario de Noticias (17/9/1881). 17:5613 (1881) 1.

C., E. – Quinze dias na serra da Estrella XXIV. Diario de Noticias (18/9/1881). 17:5614 (1881) 1.

C., E. – Quinze dias na serra da Estrella XXV. Diario de Noticias (20/9/1881). 17:5616 (1881) 1.

CAMARA[a], João da – Sousa Martins. Occidente (20/8/1897). 20:671 (1897) 179.

CÂMARA[b], João da – Mestre de meninos. In A.V. – In Memoriam. Lisboa: Officina Typographica da Casa Moeda, 1904. pp. 87-91.

As câmaras legislativas e a morte de Sousa Martins. In A.V. – In Memoriam. Lisboa: Officina Typographica da Casa Moeda, 1904. p. 619-629

[Carta de um alhandrense]. Diário de Lisboa (21/5/1937). 17: 5208 (1937) 1.

CARVALHEIRA, Rosendo – O Dr. Sousa Martins e os sanatórios em Portugal. In A.V. – In Memoriam. Lisboa: Officina Typographica da Casa Moeda, 1904. pp. 293-300.

CARVALHO[a], Maria Amália Vaz de - *Figuras Contemporâneas: Sousa Martins e Pasteur.* Separata Correio da Manhã 12 Abril 1896.

CARVALHO[b], Maria Amália Vaz – Sousa Martins: Traços soltos de uma grande figura. In A.V. – In Memoriam. Lisboa: Officina Typographica da Casa Moeda, 1904. pp. 41-52.

CARVALHO[c], Thomaz de – Hahneman. Imprensa Médica (25/2/1937). III:4 (1937) 30. [suplemento Artes, Letras e Medicina]

Centenário do nascimento do Professor Sousa Martins. A Medicina Contemporânea. 61:9 (1943) 136.

Centenário de Sousa Martins. Clinica, Higiene e Hidrologia (Abril 1943). 9:4 (1943) 119.

Centenário do nascimento do dr. Sousa Martins. Novidades (18/02/1943). 57:15209 (1943) 6.

O centenário do nascimento do Dr. Sousa Martins é hoje comemorado. Vida Ribatejana (7/3/1943). 27:1074 (1943) 1.

O 1º centenário do nascimento do Dr. Sousa Martins foi comemorado em Alhandra com invulgar brilho e dignidade. Vida Ribatejana (8/3/1943). 27:1075 (1943) 1-2.

COELHO, F. A. – Quinze dias na serra da Estrella: As lendas da serra da Estrella. Diario de Noticias (21/9/1881). 17:5617 (1881) 1.

COELHO, Sabino – Recordações cirurgicas de Barbosa, d'outros cirurgióes e do medico Sousa Martins. A Medicina Contemporânea. 42:48 (1924) 377-380; 42:50 (1924) 393-394.

Concurso na escola medico-cirurgica de Lisboa. Jornal da Sociedade Pharmaceutica Lusitana. (1868) 138-139.

O Conde de Mafra disse-nos que está convencido de que Sousa Martins não deixou filhos. Diário de Lisboa (21/5/1930). 10:2794 (1930). 5.

Commissão auxiliar da expedição scientifica á serra da Estrella. Diario de Noticias (30/7/1881). 17:5564 (1881) 1.

CORREIA, Fernando – Sousa Martins: apóstolo da assistência médica. Separata de Clínica, Higiene e Hidrologia. Lisboa: Tip da União Gráfica, 1943.

CORREIA, Fernando – Sousa Martins: apóstolo da assistência médica. Clínica, Higiene e Hidrologia (Abril 1943). 9:4 (1943) 110-111.

CORRÊA, João Jacintho da Silva – Recordações. In A.V. – In Memoriam. Lisboa: Officina Typographica da Casa Moeda, 1904. pp. 53-58.

CORTESÃO, Jaime – A arte e a medicina: Antero de Quental e Sousa Martins. Coimbra: Tip. França Amado, 1910.

CORTEZ, Francisco – Sessão de 31 de Agosto de 1897. Jornal da Sociedade Pharmaceutica Lusitana. (1897) 165-166.

COSTA[a], Alfredo da – Carta a Casimiro José de Lima. In A.V. – In Memoriam. Lisboa: Officina Typographica da Casa Moeda, 1904. pp. 239-253.

COSTA[b], J. C. Rodrigues da – Saudades. In A.V. – In Memoriam. Lisboa: Officina Typographica da Casa Moeda, 1904. pp. 343-347.

CRESPO[a], Gonçalves - O cura Sancta Cruz (Ao dr. Sousa Martins). Nocturnos. Lisboa: Imprensa Nacional de Lisboa, 1882. pp. 137-141.

CRESPO[b], Gonçalves – Sousa Martins. Obras Completas (2ª edição definitiva). Lisboa: Empreza Litteraria Fluminense,1913. pp. 441-442.

CRESPO[c], J. Alves – Sousa Martins. In A.V. – In Memoriam. Lisboa: Officina Typographica da Casa Moeda, 1904. pp. 101-103.

CUNHA[a], Alfredo da – O prisma da sua alma. In A.V. – In Memoriam. Lisboa: Officina Typographica da Casa Moeda, 1904. p. 1

CUNHA[b], Xavier da – Reminiscencias. In A.V. – In Memoriam. Lisboa: Officina Typographica da Casa Moeda, 1904. pp. 457-482.

DANTAS[a], Júlio - Um grande artista I. Comércio do Porto (3/5/1943). 88: 119. 1.

DANTAS[b], Júlio - Um grande artista II Comércio do Porto (9/5/1943). 88: 125. 1.

DANTAS[c], Júlio – Relações entre Sousa Martins e a Academia. A Medicina Contemporânea. 61:9 (1943) 138-139.

DANTAS[d], Júlio – Sousa Martins, orador. Jornal da Sociedade das Ciências Médicas de Lisboa. 107:1-12 (1943) 15-29.

DANTAS[e], Júlio – A eloquência de Sousa Martins. Tribuna. Lisboa: Bertrand, 1960. pp.113-134.

A descendência de Sousa Martins. Diário de Lisboa (9/9/1940).20:6395 (1940) 7.

Dr. Sousa Martins. Jornal da Sociedade Pharmaceutica Lusitana. (1897) 79.

Dr. Sousa Martins. Jornal da Sociedade Pharmaceutica Lusitana. (1897) 175-180.

Dr. Sousa Martins. Jornal da Sociedade Pharmaceutica Lusitana. (1897) 220-222.

Dr. Sousa Martins. Popular (28/8/1897). 2:438 (1897) 2.

Dr. Sousa Martins. O Século (28/8/1897). 17:5612 (1897) 2.

Dr. Sousa Martins. O Século (7/3/1900). 20:6524 (1900) 1.

Dr. Sousa Martins. Vanguarda (20/08/1897). II(7):279(2224) (1897) 1-2

Dr. Sousa Martins. Vida Ribatejana (28/3/1943). 27:1077 (1943) 2.

Dr. Souza Martins. Pontos nos ii (15/1/1891). 7:260 (1891) 17.

Dr. Souza Martins. Jornal de Notícias (19/8/1897). 10:195 (1897) 1.

O elogio de Sousa Martins foi pronunciado por Julio Dantas na Academia das Ciências. Diário de Lisboa (15/4/1943). 23:7324 (1943) 1,6-7.

E. – Expedição scientifica á serra da Estrella. Diario de Noticias (11/8/1881). 17:5576 (1881) 1.

E. – Expedição scientifica á serra da Estrella. Diario de Noticias (12/8/1881). 17:5577 (1881) 1.

E. – Expedição scientifica á serra da Estrella. Diario de Noticias (13/8/1881). 17:5578 (1881) 1.

E. – Expedição scientifica á serra da Estrella. Diario de Noticias (14/8/1881). 17:5579 (1881) 1.

E. – Expedição scientifica á serra da Estrella. Diario de Noticias (15/8/1881). 17:5580 (1881) 1.

E. – Expedição scientifica á serra da Estrella. Diario de Noticias (16/8/1881). 17:5581 (1881) 1.

E. – Expedição scientifica á serra da Estrella. Diario de Noticias (18/8/1881). 17:5583 (1881) 1.

E. – Expedição scientifica á serra da Estrella. Diario de Noticias (19/8/1881). 17:5584 (1881) 1.

O enterro da mãe de Sousa Martins. Novidades (9/1/1890). (1890)

Expedição scientifica á serra da Estrella. Diario de Noticias (3/8/1881). 17:5568 (1881) 1.

Expedição scientifica á serra da Estrella. Diario de Noticias (4/8/1881). 17:5569 (1881) 1.

Expedição scientifica á serra da Estrella. Diario de Noticias (6/8/1881). 17:5571 (1881) 1.

Expedição scientifica á serra da Estrella. Diario de Noticias (7/8/1881). 17:5572 (1881) 1.

Expedição scientifica á serra da Estrella. Diario de Noticias (9/8/1881). 17:5574 (1881) 1.

Expedição scientifica á serra da Estrella: Sociedade de geographia. Diario de Noticias (17/8/1881). 17:5582 (1881) 1.

Expedição scientifica á serra da Estrella: Sociedade de geographia. Diario de Noticias (20/8/1881). 17:5585 (1881) 1.

Expedição scientifica á serra da Estrella: Sociedade de geographia. Diario de Noticias (21/8/1881). 17:5586 (1881) 1.

Expedição scientifica á serra da Estrella: Sociedade de geographia. Diario de Noticias (22/8/1881). 17:5587 (1881) 1.

Expedição á serra da Estrella. Diario de Noticias (29/7/1881) 175563 (1881) 1.

Exploração scientifica da serra da Estrella: Noticia da sua organisação I. Diario de Noticias (28/7/1881). 17:5562 (1881) 1.

Exploração scientifica da serra da Estrella: Noticia da sua organisação II. Diario de Noticias (29/7/1881). 17:5563 (1881) 1.

Exploração scientifica da serra da Estrella: Noticia da sua organisação III. Diario de Noticias (30/7/1881). 17:5564 (1881) 1.

Exploração scientifica da serra da Estrella: Noticia da sua organisação IV. Diario de Noticias (31/7/1881). 17:5565 (1881) 1.

Exploração á serra da Estrella. Diario de Noticias (2/8/1881). 17:5568 (1881) 1.

FARIA, José de Cisneiros e – José Thomaz de Sousa Martins. Notícias Farmacêuticas. 9:1 (1943) 5-11.

Faz amanhá 100 anos que nasceu Sousa Martins: grande medico e professor e singular figura de português. Diário de Lisboa (6/3/1943). 22:7285 (1943) 1-2.

FERNANDES, Gregório Rodrigues – Últimos dias de Sousa Martins. In A.V. – In Memoriam. Lisboa: Officina Typographica da Casa Moeda, 1904. pp. 483-499.

FERREIRA, J. Bettencourt – Professor Jose Thomaz de Sousa Martins. A Medicina Contemporânea. 15:38 (1897) 307-310.

O filho de Sousa Martins morreu hoje no hospital de S. José. Diário de Lisboa (10/10/1935).15: 4632 (1935).

FRAGOSO, Emílio – Sousa Martins: Pharmaceutico. In A.V. – In Memoriam. Lisboa: Officina Typographica da Casa Moeda, 1904. pp. 123-133.

FREIRE, A. de Castro – Homenagem. In A.V. – In Memoriam. Lisboa: Officina Typographica da Casa Moeda, 1904. pp. 349-350.

FREITAS, José Antonio de – Sousa Martins. In A.V. – In Memoriam. Lisboa: Officina Typographica da Casa Moeda, 1904. pp. 231-236.

FURTADO, Diogo – A personalidade de Sousa Martins. A Medicina Contemporânea. 61:9 (1943) 143-144.

FURTADO, Diogo; GEORGE, Carlos – Exposição comemorativa do centenário de José Thomaz de Sousa Martins. Lisboa: Sociedade Médica dos Hospitais Civis, 1943.

GOMES, Ruy – Notas & impressões – Sousa Martins. A Nação (19/8/1897). 50:12467 (1897) 3.

GOMEZ, Ruy – Notas & impressões – O alcoolismo dos decadentes. A Nação (25/8/1897). 50:12472 (1897) 3.

Grande subscripção nacional. Occidente (21/3/1890). 13:405 (1890) 70.

GUIMARÃES, Domingos – Dr. Sousa Martins. Branco e Negro. 2:73 (1897) 330-332.

Há cem anos, na ribeirinha Alhandra, nasceu o dr. Sousa Martins. O Século (7/3/1943). 63:21895 (1897) 1,4.

A homenagem do povo de Alhandra a Sousa Martins. O Século (8/3/1943). 63:21896 (1943) 1-2.

JORGE[a], Ricardo – O médico penitente [Discurso proferido na sessão de abertura da Faculdade das Sciencias Medicas em 6 de Dezembro de 1913] – Separata da 'Medicina Contemporânea'. Lisboa: Tipografia Adolpho de Mendonça, 1913.

JORGE[b], Ricardo – Sousa Martins [Discurso proferido na Sociedade de Medicina e Cirurgia. Extraído da Gazeta Médica do Porto]. Porto: Tipografia A Vapor de Arthur José de Sousa & Irmão, 1897.

JORGE[c], Ricardo – Sousa Martins. Separata de Bibliografia Literária dos Serviços de Bibliografia Científica do Instituto Pasteur de Lisboa. 1987.

JORGE[d], Ricardo – Sousa Martins. Boletim do Instituto Superior de Higiene Doutor Ricardo Jorge. 3:11 (1948) 39-54.

JORGE[e], Ricardo – Evocação da figura de Sousa Martins. Portugal Médico. 27 (1943) XXVIII-XXX.

José Thomás de Sousa Martins (Presidente d'Esta Sociedade). Jornal da Sociedade das Sciencias Medicas de Lisboa. 61: 9-10 (1897) 261-263.

José Thomaz de Sousa Martins. Popular (19/8/1897). 2:429 (1897) 1-2.

JUNIOR[a], António de Campos – Os seus grandes amores. In A.V. – In Memoriam. Lisboa: Officina Typographica da Casa Moeda, 1904. pp. 353-360.

JÚNIOR[b], F. Lourenço da Fonseca - *Expedição Científica à Serra da Estrela*. 1883

JÚNIOR[c], Moreira – Centenário do nascimento do Professor Sousa Martins. A Medicina Contemporânea. 61:9 (1943) 136-137.

JÚNIOR[d], Moreira – Sousa Martins, Discurso proferido na Faculdade de Medicina de Lisboa, em Sessão Solene de 6 de Abril de 1943, Separata da Imprensa Médica, Lisboa, 1943.

JUNQUEIRO, Guerra – Sousa Martins. In A.V. – In Memoriam. Lisboa: Officina Typographica da Casa Moeda, 1904. pp. 445-446.

L. S. D. – Centenario do nascimento de José Thomas de Sousa Martins. Jornal dos Farmacêuticos. Série III. 15-16 (1943) 69-71.

LACERDA[a], José Caetano de Sousa e - *Os Neurasténicos: esboço d'um estudo médico e philosophico* [pref. Professor Sousa Martins]. Lisboa: M. Gomes, Livreiro – Editor, 1895.

LACERDA[b], José de – Um homem.... In A.V. – In Memoriam. Lisboa: Officina Typographica da Casa Moeda, 1904. pp. 301-310.

LEÃO, Eusébio – [A propósito do falecimento de José Thomás de Sousa Martins]. Jornal da Sociedade das Sciencias Medicas de Lisboa. 61:9-10 (1897) 266-267.

LEMOS, F. Cardoso – Sousa Martins, Discurso pronunciado aos alunos do 5º ano de Medicina, Homenagem a Sousa Martins. Coimbra: 1898.

LENCASTRE, D. Antonio de – Sousa Martins: Clínico. In A.V. – In Memoriam. Lisboa: Officina Typographica da Casa Moeda, 1904. pp. 365-372.

LIMA[a], Magalhães – Sousa Martins na intimidade. In A.V. – In Memoriam. Lisboa: Officina Typographica da Casa Moeda, 1904. pp. 437-442.

LIMA[b], Magalhães - Episódios da minha vida. Lisboa: Universal, s/d.

LOBO, Ferreira – De todo meu coração. In A.V. – In Memoriam. Lisboa: Officina Typographica da Casa Moeda, 1904. pp. 93-98.

LOPES, Alfredo Luiz – Os bons dictos de Sousa Martins. In A.V. – In Memoriam. Lisboa: Officina Typographica da Casa Moeda, 1904. pp. 135-166.

M. – Dr. Sousa Martins. Popular (20/8/1897). 2:430 (1897) 1-2.

MAC BRIDE, Alberto – Sousa Martins – médico do Hospital. Jornal do Médico. 3:59 (1943) 227-229.

MAC BRIDE, Alberto – Sousa Martins – médico do Hospital. A Medicina Contemporânea. 61:9 (1943) 141-143.

MACEDO, João Ferraz de – O Suposto Caso da Febre Amarela da Rua 24 de Julho sobre a Opinião de Sousa Martins. Lisboa: Imprensa Nacional, 1883.

MACHADO, Bernardino – Sousa Martins. In A.V. – In Memoriam. Lisboa: Officina Typographica da Casa Moeda, 1904. pp. 411-413.

MAGALHÃES, José de – Sousa Martins. Médicos Portugueses Revista Bio-
-Bibliografica (Maio de 1926). 1:3 (1926) 79-101.

MAIA, Samuel – A obra do Mestre. O Século (17/2/1943). 63:21877 (1943) 1.

Manifestação da classe medica de Lisboa [a proposito do falecimento de José Thomás de Sousa Martins]. Jornal da Sociedade das Sciencias Medicas de Lisboa. 61:9-10 (1897) 268-272.

MARQUES, Gentil - 10 de Maio de 1898: É consagrada a memória do Doutor Sousa Martins. Acção (14/5/1965). (1965)

MARTINS[a], José Thomás de Sousa – O Archiplassão. In BRAGA, Alberto et all.–
– Um Feixe de Penas. Lisboa: Typ. Castro Irmãos, 1885. pp. 121-125.

MARTINS[b], José Thomás de Sousa – Commemoração de Louis Pasteur – Discurso feito na Sociedade das Sciencias Medicas de Lisboa em sessão de 12 de Outubro de 1895. Lisboa: Tipografia Castro Irmão, 1895.

MARTINS[c], José Thomás de Sousa, Zehobb Cêrvador (pseudónimo) – Costumes da Occidental-Praia – Evolução d'uma Lei no Período Metaphysico-Physico-Immoral. Lisboa: Typ. da Companhia Nacional Editora, 1890.

MARTINS[d], José Thomás de Sousa – Discurso pronunciado na inauguração do Mau-soléu Sobral na cidade da Guarda. Lisboa: Tipografia da Companhia Nacional Editora, 1894.

MARTINS[e], José Thomás de Sousa – A divulgação dos casos de suicídio. Gazeta Médica. Lisboa: Imprensa Nacional, 1871, pp.449-455.

MARTINS[f], José Thomás de Sousa – Elogio histórico do Professor Caetano Maria Ferreira da Silva Beirão - Discurso pronunciado na Sessão Solene de Abertura da Escola Médico - Cirúrgica de Lisboa em 1872. Lisboa: Imprensa Nacional, 1878.

MARTINS[g], José Thomás de Sousa – A Febre Amarela Importada pela Barca Imogene. Lisboa: Tipografia Portugueza, 1880.

MARTINS[h], José Thomás de Sousa – A liberdade do exercício clínico. Gazeta Médica. Lisboa: Imprensa Nacional, 1871, pp.505-511.

MARTINS[i], Sousa – Lições de Pathologia Geral e Semiologia Vol.1. Lisboa: Officinas de Estevão Nunes & Filhos, 1900. [Compiladas e publicadas por Dério Sanches Ferreira e António Barbosa (Terceirannistas de Medicina)]

MARTINS[j], José Thomás de Sousa - A Medicina Legal no Processo Joana Pereira – – Resposta a uma consulta. Coimbra: Imprensa da Universidade, 1878.

MARTINS[l], José Thomás de Sousa – Movimentos Pupilares – Post-Mortem e Intra-Vitam. Revista de Nevrologia e Psychiatria. (1888) pp.1-10.

MARTINS[m], José Tomás de Sousa – Nosografia de Antero (reedição). Alhandra: Museu de Alhandra – Casa Dr. Sousa Martins, 2002.

MARTINS[n], José Thomás de Sousa – A opinião pública e a administração dos Hospitais Civis de Lisboa. Gazeta Médica. Lisboa: Imprensa Nacional, 1871, pp.421-428.

MARTINS[o], José Thomás de Sousa – Patogenia e Célula. 1868

MARTINS[p], José Thomás de Sousa – A patogenia vista à luz dos actos reflexos. Lisboa: Tipografia Universal, 1868. [Tese de Concurso]

MARTINS[q], José Thomás de Sousa – O Pneumogástrico, os Antinomiais, a Pneumonia. Lisboa: Tipografia da Academia Real das Ciências de Lisboa, 1867. [Memória apresentada à Academia Real das Ciências de Lisboa]

MARTINS[r], José Thomás de Sousa – O Pneumogástrico preside à tonicidade da fibra muscular do coração. Lisboa: Tipografia Franco-Portuguesa, 1886.

MARTINS[s], J. T de Sousa – Rainha D. Maria Pia. A Semana de Lisboa 15/1/1893. 3 (1893) 17-19.

MARTINS[t], José Thomás de Sousa – Relatório dos Trabalhos da Conferência Sanitária Internacional reunida em Viena em 1874, apresentado pelo Delegado português a essa conferência J.T. Sousa Martins. Lisboa: Imprensa Nacional, 1874.

MARTINS[u], José Thomás de Sousa – A Tuberculose Pulmonar e o Clima de Altitude da Serra da Estrela. Lisboa: Imprensa Nacional, 1890.

MARTINS[v], José Thomás de Sousa – Os Typhos de Setúbal - Relatório sobre a Memória acerca dos typhos de Setúbal do sr. Dr. Francisco Ayres do Soveral e Parecer sobre essa memória por Sousa Martins. Lisboa: Imprensa Nacional, 1881.

MARTINS[x], Rocha – Sousa Martins e a política. Diário Popular (6/3/1943). 1:161 (1943) 1,8.

MATOS[a], Júlio de – A Paranóia – Dedicado a Sousa Martins. Lisboa : Tavares Cardoso & Irmão, 1898.

MATOS[b], Júlio de – Impressões. In A.V. – In Memoriam. Lisboa: Officina Typographica da Casa Moeda, 1904. pp. 313-342.

MENDES, M. – Dr. Sousa Martins: O centenário do seu nascimento. Vida Ribatejana (28/2/1943). 27:1073 (1943) 1.

MENDES, M. – Dr. Sousa Martins e o seu monumento em Alhandra. Vida Ribatejana (28/3/1943). 27:1077 (1943) 1,4.

MONIZ, Egas – As pupilas dos mortos reagem à luz (um artigo de Sousa Martins). Conferências Médicas Vol. II. Lisboa: Portugália Editora, 1947.

MONTEIRO[a], A. A. de Carvalho – Sousa Martins: Botânico. In A.V. – In Memoriam. Lisboa: Officina Typographica da Casa Moeda, 1904. pp. 449-453.

MONTEIRO[b], Gilberto – Comemoração de Sousa Martins na passagem do centenário do seu nascimento. Lisboa: Tip. União Gráfica, 1943.

MONTEIRO[c], Gilberto – O exemplo de Sousa Martins. Clínica, Higiene e Hidrologia (Abril 1943). 9:4 (1943) 111-118.

MONTEIRO[d], José de Sousa – As suas philosophias. In A.V. – In Memoriam. Lisboa: Officina Typographica da Casa Moeda, 1904. pp. 195-206.

MONTEIRO[e], Vicente R. – O testamento de Sousa Martins. In A.V. – In Memoriam. Lisboa: Officina Typographica da Casa Moeda, 1904. pp. 501- -508.

Monumento a Sousa Martins. A Medicina Contemporânea. 18:10 (1900) 77-86.

Monumento a Sousa Martins. Revista Portugueza de Medicina e Cirurgia Praticas. 43 (1898) 193-196.

O monumento a Sousa Martins. Nação (8/8/1900). 53:13207 (1900) 2.

O monumento a Sousa Martins. O Século (8/3/1900). 20:6525 (1900) 1-2.

Morreu Sousa Martins! O Século (19/8/1897). 17:5603 (1897) 1.

NARCISO, Armando – No centenário de Sousa Martins. Clínica, Higiene e Hidrologia (Abril 1943). 9:4 (1943) 85-86.

NEVES, Azevedo – Centenário do nascimento do Professor Sousa Martins. A Medicina Contemporânea. 61:9 (1943) 137-138.

NEVES, Azevedo – Sousa Martins: Discursos proferidos. Separata da Imprensa Médica. 9:7 (1943) Lisboa.

NEVES, Azevedo – A figura grandiosa e genial de Sousa Martins. A Medicina Contemporânea. 61:9 (1943) 140-141.

NEVES, Cassiano – A Tuberculose. Lisboa: Empresa Nacional de Publicidade, 1932.

NEVES, Cassiano – A vida interior dos tuberculosos. Lisboa: Tip. Adolfo Mendonça, 1940.

NEVES, M. – Sousa Martins: Médico, professor, orador inexcedivel e homem de assombrosa actividade. O Século Ilustrado. 10:511 (1947) 24-25

O neto de Sousa Martins. Diário de Lisboa (17/10/1935). 15:4639 (1935) 3.

O néto de Sousa Martins. Diário de Lisboa (7/9/1940). 20:6393 (1940) 6.

No centenário do nascimento do Dr. Sousa Martins: A homenagem da Casa do Ribatejo a um grande ribatejano e ilustre filho de Alhandra. Vida Ribatejana 10//07/1943 [número especial dedicado à festa do colete encarnado]. 27:1101/12 (1943) [29-30].

No centenário dum sábio: O "sebenteiro" de Sousa Martins. Comércio do Porto (7/3/1943). 88:64 (1943) 1-2.

No 1.º centenário do nascimento de Sousa Martins: homenagem do Instituto Pasteur de Lisboa. Lisboa: Instituto Pasteur de Lisboa, 1943.

OLIVEIRA, A. J. d' – Homens e livros da medicina portuguesa. Coimbra: Imprensa Litteraria, 1885.

ORTIGÃO, Ramalho – Resumo. In A.V. – In Memoriam. Lisboa: Officina Typographica da Casa Moeda, 1904. pp. 447-448.

P., O. – Sousa Martins. Comércio do Porto (3/3/1943). 88:60 (1943) 1,5.

PERAGALLO, Prospero – L' apoteosi civile del Dr. Sousa Martins. In A.V. – In Memoriam. Lisboa: Officina Typographica da Casa Moeda, 1904. pp. 193-194.

PEREIRA, Cristovão de Sousa – Ao coração mais amado... Duas cartas inéditas de Sousa Martins. Diário de Lisboa (15/4/1943). 23:7324 (1943) 9-10.

O povo de Alhandra comemorou o nascimento do prof. Sousa Martins – glória da medicina portuguesa. Diário Popular (7/3/1943). 1:162 (1943) 1,6.

O professor José Tomás de Sousa Martins tem em seu filho um autêntico sósia. Diário de Lisboa (25/4/1930). 10:2773 (1930) 5,8.

Quais as causas da morte do Dr. Sousa Martins? Vida Ribatejana 10/07/1943 [número especial dedicado à festa do colete encarnado]. 27:1101/12 (1943) [11].

QUEIROZ[a], Teixeira de – Sousa Martins. In A.V. – In Memoriam. Lisboa: Officina Typographica da Casa Moeda, 1904. pp. 207-224.

QUEIROZ[b], Teixeira de – Elogio histórico de José de Sousa Martins. Lisboa: ???, 1913.

R. – Sousa Martins – Notas biographicas. Occidente (20/8/1897). 20:671 (1897) 179-180.

RECLUS, Paul – La loi Courvoisier-Terrier. In A.V. – In Memoriam. Lisboa: Officina Typographica da Casa Moeda, 1904. pp. 311-312.

O Rei D. Carlos escreveu a Sousa Martins algumas curiosas cartas. O Século (2/4/1943). 63:21920 (1943) 1,3.

REMÉDIOS, Mendes dos – *Sousa Martins e a Serra da Estrela*. Viseu: Tipografia d' A Folha, 1895.

RIBEIRO, José de Freitas – Duas palavras em memória de José Thomaz de Sousa Martins. In A.V. – In Memoriam. Lisboa: Officina Typographica da Casa Moeda, 1904. pp. 255-268.

RICO, Toscano - [Sousa Martins]. A Medicina Contemporânea. 61:9 (1943) 139-140.

RICO, Toscano – Sousa Martins. Jornal da Sociedade das Ciências Médicas de Lisboa. 107:1-12 (1943) 31-34.

RODRIGUES, Dr. Bettencourt – Sousa Martins. Medicina e Médicos: factos e comentários. Lisboa: Lumen Editora, 1922. p. 123-127.

SABUGOSA[a], Conde de – Sousa Martins: O poeta da medicina. In A.V. – In Memoriam. Lisboa: Officina Typographica da Casa Moeda, 1904. pp. 181-192

SABUGOSA[b], Conde de – Sousa Martins: O poeta da Medicina. Embrechados (5[a] ed.). Lisboa: Livraria Sam Carlos, 1974. pp. 277-300.

SANTOS[c], Clemente dos – [Resposta a carta de Sousa Martins]. O Correio Medico de Lisboa 15/8/1871. 1:4 (1871) 44-45.

SANTOS[d], Reynaldo dos – Sousa Martins. Amatus Lusitanus (Abril 1943). 2:4 (1943) 319-322.

SARMENTO, José Estevão de Moraes – Caracter, coração e espirito. In A.V. – In Memoriam. Lisboa: Officina Typographica da Casa Moeda, 1904. pp. 237-238.

SEQUEIRA, Mont' Alverne de – Sousa Martins e a medicina portugueza. In A.V. – In Memoriam. Lisboa: Officina Typographica da Casa Moeda, 1904. pp. 397-403.

SERRANO[a], José António – Discurso pronunciado na Sociedade das Sciencias Medicas em 7 de Março de 1899 na sessão consagrada à memoria de José Thomaz de Sousa Martins. Jornal da Sociedade das Sciencias Medicas de Lisboa. 63:9-10 (1899) 197-233.

SERRANO[b], José António – Sousa Martins. A Medicina Contemporânea. 17:11 (1899) 85-86.

SERRANO[c], J. A. – Alguns dados anthropometricos de Sousa Martins aos 38 anos. In A.V. – In Memoriam. Lisboa: Officina Typographica da Casa Moeda, 1904. pp. 617-618.

SERRANO[d], J. A – *Bibliografia de Sousa Martins*. Lisboa: Typ. e Lith. A Vapor da Papelaria Progresso, 1897.

SERRANO[e], J. A. – Elogio de Sousa Martins. In A.V. – In Memoriam. Lisboa: Officina Typographica da Casa Moeda, 1904. pp. 509-537

SERRANO[f], J. A. – Notas bio-bibliographicas. In A.V. – In Memoriam. Lisboa: Officina Typographica da Casa Moeda, 1904. pp. 539-615.

SERRANO[g], José António – Sousa Martins. Lisboa: Ed. José António Rodrigues – – Editor, 1899.

SERRANO[h], J. A. – Sousa Martins. Lisboa: Livraria Nacional e Estrangeira, 1899.

SILVA[a], Barros e – Dr. Sousa Martins. Almanach Illustrado d'"O Século". (1898) 31-32.

SILVA[b], Barros e – Notas de bibliografia sobre Sousa Martins. Médicos Portugueses Revista Bio-Bibliográfica (Maio de 1926). 1:3 (1926) 119-120.

SILVA[c], Barros e – Notas e anedotas. Médicos Portugueses Revista Bio-Bibliográfica (Maio de 1926). 1:3 (1926) 103-118.

SILVA[d], Fernando Emídio – Sousa Martins, grande senhor do seu tempo. Lisboa: Sociedade Astória, 1944.

SILVA[e], Francisco A. Wolfango da – Saudades remotas. In A.V. – In Memoriam. Lisboa: Officina Typographica da Casa Moeda, 1904. pp. 415-423.

SILVA[f], M. Emygdio da – O monumento ao Dr. Sobral promovido por uma comissão presidida por Sousa Martins. In A.V. – In Memoriam. Lisboa: Officina Typographica da Casa Moeda, 1904. pp. 373-379.

SOARES, Albino Máximo de Campos – O Sanatório de Sant'Ana. Lisboa: Tip. Casa Portuguesa, 1943.

Sociedade de geographia. Diario de Noticias (4/8/1881). 17:5569 (1881) 1.

Sociedade de geographia. Diario de Noticias (6/8/1881). 17:5571 (1881) 1.

Sociedade de geographia. Diario de Noticias (7/8/1881). 17:5572 (1881) 1.

Sociedade de geographia. Diario de Noticias (9/8/1881). 17:5574 (1881) 1.

Sociedade de geographia. Diario de Noticias (10/8/1881). 17:5575 (1881) 1.

Sociedade de geographia. Diario de Noticias (11/8/1881). 17:5576 (1881) 1.

Sociedade de geographia. Diario de Noticias (12/8/1881). 17:5577 (1881) 1.

Sociedade de geographia. Diario de Noticias (13/8/1881). 17:5578 (1881) 1.

Sociedade de geographia. Diario de Noticias (14/8/1881). 17:5579 (1881) 1.

Sociedade de geographia. Diario de Noticias (15/8/1881). 17:5580 (1881) 1.

Sociedade de geographia. Diario de Noticias (16/8/1881). 17:5581 (1881) 1.

Sociedade de geographia. Diario de Noticias (18/8/1881). 17:5583 (1881) 1.

Sociedade de geographia. Diario de Noticias (19/8/1881). 17:5584 (1881) 1.

Sociedade de Geographia de Lisboa: Expedição scientifica á serra da Estrella. Diario de Noticias (31/7/1881). 17:5565 (1881) 1.

SOUSA[a], Higino de – Sousa Martins: Patriota. In A.V. – In Memoriam. Lisboa: Officina Typographica da Casa Moeda, 1904. pp. 269-285.

SOUSA[b], Higino de – Sousa Martins: Patriota. O Mundo 31/7/1904. (1904).

SOUSA[c], M. Bento de – Dr. Sousa Martins. A Semana de Lisboa 26/2/1893. 9 (1893) 65-67.

SOUSA[d], M. Bento de – José Thomaz de Sousa Martins. In A.V. – In Memoriam. Lisboa: Officina Typographica da Casa Moeda, 1904. pp. 3-37.

SOUSA[e], M. Bento de – Dr. Souza Martins. Almanach Illustrado do Occidente. 17 (1898) 28-30.

Sousa Martins. Archivos de Medicina. 1:7 (1897) 289.

Sousa Martins. Diário Illustrado (19/8/1897). 26:8771 (1897). 1-2.

Sousa Martins. Diário Illustrado (20/8/1897). 26:8772 (1897) 3.

Sousa Martins. Jornal da Sociedade Pharmaceutica Lusitana. (1897) 175-180.

Sousa Martins. Jornal da Sociedade Pharmaceutica Lusitana. (1897) 220-222.

Sousa Martins. A Mala da Europa (23/8/1897). 4:85 (1897) 3.

Sousa Martins. A Medicina Contemporânea. 15:34 (1897) 275-282.

Sousa Martins. Novidades (18/8/1897). 13:4099 (1897) 1-2.

Sousa Martins. Novidades (19/8/1897). 13:4100 (1897) 2.

Sousa Martins. Novidades (20/8/1897). 13:4101 (1897) 1-2.

Sousa Martins. Novidades (21/8/1897). 13:4102 (1897) 2.

Sousa Martins. Novidades (30/8/1897). 20:672 (1897) 7, 9.

Sousa Martins. Popular (26/8/1897). 2:436 (1897) 2.

Sousa Martins. O Século (22/7/1896).16:5218 (1896) 1.

Sousa Martins. O Século (20/8/1897). 17:5604 (1897) 1-2.

Sousa Martins. O Século (21/8/1897). 17:5605 (1897) 1.

Sousa Martins. O Século (22/8/1897). 17:5606 (1897) 3.

Sousa Martins. O Século (23/8/1897). 17:5607 (1897) 1.

Sousa Martins. O Século (25/8/1897). 17:5609 (1897) 2.

Sousa Martins. O Século (26/8/1897). 17:5610 (1897) 4.

Sousa Martins. O Século (30/8/1897). 17:5614 (1897) 1.

Sousa Martins. O Século (17/9/1897). 17:5632 (1897) 2.

Sousa Martins. O Século (10/2/1900). 20:6500 (1900) 1.

Sousa Martins. O século (18/01/1901). 20:6839 (1901) 1.

Sousa Martins. Centenário do seu nascimento. Jornal do Médico. 3:57 (1943) 183.

Sousa Martins considerado santo. António Maria (18/8/1881). 3:116 (1881) 262.

Sousa Martins deixou ou não um filho? Diário de Lisboa (27/5/1930).10:2799 (1930) 4.

Sousa Martins: médico da eminente escritora Maria Amalia Vaz de Carvalho. O Século (21/4/1943). 63:21939 (1943) 1,4.

Souza Martins. Medicina Moderna (Setembro 1897). 4:45 (1897) 69-70.

Souza Martins. A Nação (19/8/1897). 50:12467 (1897) 2.

Souza Martins. A Nação (20/8/1897). 50:12468 (1897) 2.

Souza Martins. A Nação (21/8/1897). 50:12469 (1897) 2.

Souza Martins. A Nação (22/8/1897). 50:12470 (1897) 2.

Souza Martins. A Nação (24/8/1897). 50:12471 (1897) 2-3.

Souza Martins. A Nação (25/8/1897). 50:12472 (1897) 2.

Souza Martins. A Nação (26/8/1897). 50:12473 (1897) 2.

Souza Martins. A Nação (29/8/1897). 50:12476 (1897) 2.

TAIBNER, José – Sousa Martins. Popular (25/8/1897). 2:435 (1897) 2.

TAVARES[a], Carlos – [A propósito do falecimento de José Thomás de Sousa Martins].
Jornal da Sociedade das Sciencias Medicas de Lisboa. 61:9-10 (1897) 264-265.

TAVARES[b], Carlos – Sousa Martins [Discurso pronunciado na Sessão da Sociedade
de Geografia de Lisboa, consagrada à memória de Sousa Martins]. Lisboa: Manuel
Gomes Editor, 1897.

TAVARES[c], Carlos – Sousa Martins: O professor. In A.V. – In Memoriam. Lisboa:
Officina Typographica da Casa Moeda, 1904. pp. 167-179.

TAVARES[d], Fragoso – Verdades e saudades. In A.V. – In Memoriam. Lisboa: Officina
Typographica da Casa Moeda, 1904. p. 351.

TELLES, João José de Sousa – Sousa Martins. In A.V. – In Memoriam. Lisboa:
Officina Typographica da Casa Moeda, 1904. pp. 63-67.

Uma anecdota de Sousa Martins. Almanach Bertrand. 25 (1924) 76-77.

VELHINHO – À memoria de Sousa Martins. A Nação (24/8/1897). 50:12471
(1897) 3.

VILHENA, Henrique de – A Escola Médica do meu tempo (1898-1904). Imprensa
Médica (25/2/1937). 3:4 (1937) 49-61.

VILHENA, Manuel – Acerca de Sousa Martins. Diário Popular (1/9/1943). 1:338
(1943) 3.

VITERBO, Sousa – J.T. de Sousa Martins: O artista da palavra. In A.V. – In
Memoriam. Lisboa: Officina Typographica da Casa Moeda, 1904. pp. 109-121.

Bibliografia Subsidiária

A.V. – Guia de Portugal – I Generalidades – Lisboa e Arredores (3ª reimpressão).
Lisboa: Fundação Calouste Gulbenkian, 1991

Abade Faria. Jornal do Médico. 8:183 (1946) 222-224.

ABREU, Carlos – Crendice e obscurantismo fazem de um morto um santo. Diário
Popular (9/9/1980). 38:13230 (1980) 9.

AFONSO, Belarmino – Religião popular e orações. In AV - Estudos Contemporâneos,
n.º 6, religiosidade popular. Porto, Centro de Estudos Humanísticos, Ministério
da Cultura – Delegação Regional do Norte, 1984, pp. 183-208.

ALBUQUERQUE, Maria Luísa – Cadernos de Parapsicologia 2: Esquema dos cursos de divulgação de Parapsicologia (1.ª parte). Braga: CLAP-Braga, s/d.

Alhandra homenageia Sousa Martins. Diário de Notícias (3/3/1985). 121:42355
(1985) 17.

Alhandra rebentou pelas costuras – Sousa Martins: Romaria do 7 de Março. Vida
Ribatejana (11/3/1983). 67:3183 (1983) 8.

Ainda a evocação de Sousa Martins: Pároco de Alhandra admira o sábio mas não pactua com a «crendice popular». Vida Ribatejana (18/3/1983). 67:3184 (1983). 1,8.

ALLEAU, René – A ciência dos símbolos. Lisboa: Ed. 70, 1982

Altar em casa leva crentes a Célia do Anjo. A Capital (20/2/1990). 22:6954 (1990) 1,11.

ARMOND, E. – Mediunidade. São Paulo: Editora Aliança, 1991.

AUGE, Marc – A construção do mundo: religião, representações, ideologia. Lisboa,
Ed. 70, 1987.

BANDARRA, Victor – Igreja Velho-Católica canoniza médico: Sousa Martins já é
santo. Público (10/12/1990). 1:281 (1990) 26.

BAPTISTA, António Manuel – A 1ª idade da Ciência. Lisboa: Gradiva, 1996.

BARRADAS, Ana; SOARES, Manuela – Sousa Martins. Médicos nossos conhecidos. Lisboa: Medinfar, 2001. pp. 33-47.

BASTOS, Cristiana – Omulu em Lisboa: Etnografias para uma teoria da globalização. Etnográfica.5:2 (2001) 303-323.

BERNARDI, Bernard – Introdução aos estudos etno-antropológicos. Lisboa: Ed.70, 1982.

BOTELHO, Luís da Silveira – Médicos na toponímia de Lisboa. Lisboa: Câmara Municipal de Lisboa, 1991.

BOTELHO, Luís da Silveira – Recordando: os monumentos a Sousa Martins. Revista Portuguesa de Cardiologia. 13:10 (1994) 787-789.

BRITO, Maria Fernanda de – Perfis. Sousa Martins. Revista da Ordem dos Farmacêuticos (Maio/Junho 1997). 17 (1997) 52-54.

BRÓLIO, Roberto – A Medicina no alvorecer da nova era: visão espírita. In Associação Médico-Espírita do Brasil (ed.) – Saúde e Espiritismo (3ª ed.). São Paulo, 2004. pp.307-314.

BRONOWSKI, J. - Magia, ciência e civilização. Lisboa: Ed. 70, s/d.

CABRAL[a], João de Pina – O pagamento do Santo – uma tipologia interpretativa dos ex-votos no contexto sociocultural do noroeste português. In AV - Estudos Contemporâneos, n.º 6, religiosidade popular. Porto, Centro de Estudos Humanísticos, Ministério da Cultura – Delegação Regional do Norte, 1984, pp. 97-112.

CABRAL[b], João de Pina – A legitimação da crença: mudança social e bruxas no Norte de Portugal. In Estudos em Homenagem a Ernesto Veiga de Oliveira. Lisboa: INIC, 1989. pp. 581-596.

CABRAL[c], João de Pina – O sagrado e o drama. Análise Social. XXVI (111): 2 (1991) 431-439.

CAEIRO, Maria do Rosário – A reencarnação. Revista Espírita Verdade e Luz. 1:3 (2005) 22-25.

CALLOIS, Roger – O mito e o homem. Lisboa: Ed. 70, 1979.

CALLOIS, Roger – O homem e o sagrado. Lisboa: Ed.70, 1979.

CÂNCIO, Francisco – Ribatejo Histórico e Monumental, vol. I, II, III. S.l., 1938--1939. [com o patrocínio da Junta de Província do Ribatejo]

CARNEIRO, Vitor Ribas – ABC do Espiritismo. Panamá: Federação Espírita do Panamá, 199.

CARVALHO, Mércia Maria Almeida de – Desobsessão, terapia do amor. In Associação Médico-Espírita do Brasil (ed.) – Saúde e Espiritismo (3ª ed.). São Paulo, 2004. pp.233-245.

CASTELO-BRANCO, Fernando – Esculturas de Lisboa. Lisboa: Câmara Municipal de Lisboa, s/d. [Estátua de Sousa Martins]

CAZENEUVE, Jean – Sociologia do rito. Porto, Rés Editora, s.d.

140.º centenário da morte de Sousa Martins assinalado com romagem à estátua e concerto. Diário de Lisboa (9/3/1983). 62:21098 (1983) 10.

CIDADE, Hernâni – Século XIX – A revolução cultural em Portugal e alguns dos seus melhores mestres. Lisboa: Editorial Presença, 1985.

CORREIA, Carlos João (coord) – A mente, a religião e a ciência. Lisboa: Centro de Filosofia da Universidade de Lisboa, 2003.

COSTA, João Alves da; ANTUNES, José – Clotilde, a mulher, diz-se nova demais para lhe chamarem bruxa. Diário Popular (16/12/1978). 37:12711 (1978) I, XIV, XV, XVIII, XIX.

COSTA, João Alves da; ANTUNES, José – O teste e o transe na madrugada no cemitério. Diário Popular (23/12/1978). 37:12717 (1978) X, XI, XV.

COSTA, João Alves da; ANTUNES, José – Os acessos de Sandra. Diário Popular (30/12/1978). 37:12722 (1978) IV, V, XI.

COSTA, João Alves da; ANTUNES, José – O Dr. Sousa Martins visto pelo «Serapião» de Alhandra. Diário Popular (30/12/1978). 37:12722 (1978) V, XII.

COSTA, João Alves da; ANTUNES, José – Exorcismo e possessão. Diário Popular (30/12/1978). 37:12722 (1978) XXIII, XXV.

COSTA, João Alves da – Bruxas à portuguesa. Lisboa, Bertrand, 1980.

COSTA, Vitor Ronaldo – Apometria – Novos horizontes da medicina espiritual. São Paulo: casa Editora O Clarim, 1997.

CRESPO, Jorge – Médicos e curandeiros em Portugal os finais do Antigo Regime. In Estudos em Homenagem a Ernesto Veiga de Oliveira. Lisboa: INIC, 1989. pp. 101-112.

A curandeira do Cacém. Tal & Qual (7/5/1982). 96 (1982) 6,7.

Curiosidades do campo dos Mártires da Pátria reveladas no passeio dos Amigos de Lisboa. Diário de Notícias (10/7/1988). 124:43575 (1988) 33.

DAVID, Florbela Lopes da Silva Gomes – Lágrimas e Possessão. Alhandra: Edições do Museu de Alhandra, 1996.

DESROCHE, Henri – Sociologias religiosas. Porto: Rés, 1984.

DIONÍSIO, Frederico – A hereditariedade espiritual. Revista Espírita Verdade e Luz. 2:6 (2006) 10-11.

DIONÍSIO, Frederico – O espiritismo e o bem-estar social. Revista Espírita Verdade e Luz. 1:3 (2005) 30-31.

DIONÍSIO, Frederico – Medicina espiritual. Revista Espírita Verdade e Luz. 2:8 (2006) 10-11.

Dr. José Tomaz de Sousa Martins: Recordação e homenagem. Lisboa: Grafitécnica, 1971.

Dr. José Tomás de Sousa Martins: recordação e Homenagem. Torres Novas: Gráfica Almondina, 1990.

Egas Moniz e Sousa Martins. Portugal Médico. 41:2 (1957) 136-137.

ELIADE, Mircea – O sagrado e o profano. Lisboa: Edição "Livros do Brasil", 2006.

ENTRALGO, P. Laín - Historia de la medicina. Barcelona, Madrid, Buenos Aires, Bogotá, Caracas, México, Quito, Rio de Janeiro, San Juan de Puerto Rico, Santiago de Chile: Salvat Editores, S. A., 1989.

ESPINHEIRA, Avelino Fortes – João Tomaz Sousa Martins. Tecnologia Médica. 1:1 (2002) 44-45.

ESPÍRITO-SANTO, Moisés – A religião popular portuguesa (2ª ed). Lisboa: Assírio & Alvim, 1990.

Evocação de Sousa Martins. Diário de Notícias (2/3/1983). 19:41639 (1983) 7.

FERNANDES, Joaquim – Aspectos fenomenológicos paranormais no contexto religioso. In AV – Estudos Contemporâneos, n.º 6, religiosidade popular. Porto, Centro de Estudos Humanísticos, Ministério da Cultura – Delegação Regional do Norte, 1984, pp. 141-160.

FERREIRA, Alberto – Estudos de cultura portuguesa – Século XIX. Lisboa: Moraes Editora, 1980.

FERREIRA, João – Não sou bruxo. Tal & Qual. 613 (1992), 14 20/3/1992

FERREIRA, Rafael Laborde; VIEIRA, Victor Manuel Lopes – Estatuária de Lisboa. Lisboa: Amigos do Livro, 1985. [Estátua de Sousa Martins, p. 99]

Fieis pagam Casa Museu. A Capital (28/2/1985). 18:5458 1,11.

FILHO, Amílcar Del Chiaro – O que se deve procurar no espiritismo. Revista Espírita Verdade e Luz. 2:8 (2006) 36.

FONTES. António Lourenço – Medicina popular transmontana e religião. In Av––Estudos Contemporâneos, n.º 6, religiosidade popular. Porto, Centro de Estudos Humanísticos, Ministério da Cultura – Delegação Regional do Norte, 1984, pp. 177-181.

FORJAZ, Pereira – José Tomaz de Sousa Martins. Anais Azevedo. 20:1 (1968) 3-11.

FRANCO, Divaldo P. – Desobsessão e terapêutica do amor. In Associação Médico-Espírita do Brasil (ed.) – Saúde e Espiritismo (3ª ed.). São Paulo, 2004. pp.247-252.

FRANCO, Evaristo – Sousa Martins. In FRANCO, Evaristo – Glórias da Medicina Portuguesa. Lisboa: Tip. Da União Gráfica, 1949. p.275-308.

GAMEIRO, Aires – Hipótese sobre a integração subjectiva das religiosidades culta e popular: Análise psicossocial. In AV - Estudos Contemporâneos, n.º 6, religiosidade popular. Porto, Centro de Estudos Humanísticos, Ministério da Cultura – – Delegação Regional do Norte, 1984, pp. 129-140.

GIL, Fernando (coord.) – A ciência tal qual se faz. Lisboa: Edições João Sá da Costa, 1996.

GIL, Fernando; LIVET Pierre; CABRAL, João Pina (coord.) – O processo da crença. Lisboa: Gravida, 2004.

GONZÁLEZ-QUEVEDO[a], Pedro José – Feiticeiros, bruxos e possessos. Braga: Editorial A.O., 1980.

GONZÁLEZ-QUEVEDO[b], Pe Óscar – Antes que os demónios voltem. Braga: Edições APPACDM, 1996.

GONZÁLEZ-QUEVEDO[c], Pe Óscar – Cadernos de Parapsicologia 1: Breve introdução à Parapsicologia. Braga: CLAP-Braga, s/d.

GRANADA, Novais – "Irmão Mário Caetano" foi a Alhandra "falar" com Sousa Martins. Correio da Manhã (18/10/1990). 12:4193 (1990) 26-27.

Grandes vultos da medicina e da farmácia portuguesa: José Tomaz de Sousa Martins. Jornal dos Farmacêuticos do Ultramar. 1:10 (1950) 20.

Guarda, Pe Jorge – História das Religiões. Documento de apoio à disciplina História das Religiões, leccionada na Escola de Formação Teológica de Leigos, no Seminário Diocesano de Leiria, 2003.

GUIMARÃES, Cláudio Correia de Oliveira – Médicos que foram grandes escritores. II – O Dr. Sousa Martins. O Médico (24/6/1954). 5:147 [Nova série] vol.II (1954) 465-466. [Suplemento]

Há sempre flores no monumento a Sousa Martins. Diário de Lisboa (27/7/1953). 33:11009 (1953) 9.

In Memoriam de Sousa Martins. Vila Franca de Xira: Câmara Municipal de Vila Franca de Xira; Museu de Alhandra – Casa Dr. Sousa Martins, 2004.

«Irmão médico»: Dr. Sousa Martins passa a «santo». A Capital (10/12/1990). 23:7194 [2ª série] (1990) 1,11.

JACINTO, Filipe; RAMOS, Noé - Um santo na via pública. Revista Tempo (24/8/1989). (1989) 9-11.

JOHANO – Flagrantes contrastes. Vida Ribatejana (15/4/1983). (1983)

KARDEC, Allan – O Livro dos Espíritos (87ª ed.). Rio de Janeiro: Federação Espírita Brasileira, 200.

LE GOFF, Jacques (coord.) – As doenças têm história. Mem Martins: Terramar,1991.

LEITE, José – Santos de cada dia (Vol.s I, II e III) (3ª ed.). Braga: Editorial A.O., 1994.

LEMOS, Maximiano – O Abade Faria e o hipnotismo. Arquivo Médico. 1:3 (1943) 33-35.

LEMOS, Maximano – História da Medicina em Portugal: Doutrinas e instituições (Vols 1 e 2). Lisboa: Publicaçóes D. Quixote / Ordem dos Médicos, 1991.

LEVI-STRAUSS, Claude – Mito e significado. Lisboa: Ed. 70, 1987.

LOPES, Aurélio – Religião popular no Ribatejo. Santarém: Assembleia Distrital de Santarém, 1995.

LOPES, David; CASTELA, Miranda - Monumento a Sousa Martins já parece um cemitério. Diário Popular (6/3/1989). 47:15838 (1989) 1, 8-9.

LOPES, David; VIEGAS, Paula – Devoção. Diário Popular (8/3/1990). 48:16139 (1990) 1,4-5.

MAIA, E. Leão; MAIA, Helder – Cientista e santo popular – Sousa Martins: 365 dias de Natal por ano. Nova Gente (18/11/1998). 1157 (63-66).

MARABUCO, Kátia – Mediunidade na prática médica I. In Associação Médico-Espírita do Brasil (ed.) – Saúde e Espiritismo (3ª ed.). São Paulo, 2004. pp. 127-135.

MARQUES, A. H. de Oliveira – Dicionário da Maçonaria Portuguesa. (2 vol.s) S/l: Editorial Delta, 1986.

MARTINSª, Ana Maria Almeida – Antero de Quental e Sousa Martins. Revista de Cultura Açoriana. 1:1 (1989) 65-72.

MARTINSᵇ, José Saraiva - Como se faz um santo. Lisboa: Alêtheia Editores, 2006.

Medicina e Médicos. In Dicionário de História de Portugal, IV. Porto: Livraria Figueirinhas 1984. pp. 239-244.

MEGA, Rita – A propósito do monumento a Sousa Martins: a vida e obra do escultor Aleixo de Queiroz Ribeiro. Arte Teoria. 6 (2005) 185-197.

MELO, A. H. da Paixão – Homens célebres da farmácia [José Thomaz de Sousa Martins]. Interfarma (Agosto 1985). 3:24 (1985) 21-27.

Milhares em romaria na vila de Alhandra. A Capital (8/3/1993) 26:7868 [2ª série] (1993) 10.

MIRA, M. Ferreira – História da Medicina Portuguesa. Lisboa: Edição da Empresa Nacional de Publicidade, 1947.

MIRANDA, Hermínio C. – Condomínio espiritual (3ª ed.). São Paulo: Folha Espírita, 1995.

MONIZ, Egas – Abade Faria e o hipnotismo científico. Boletim Geral de Medicina. Série 27. 1-12 (1945) 22-28

MONTOYA, Pedro Córdoba – Religiosidad popular: arqueología de una noción polémica. In SANTALÓ, C, Álvarez e outros (coords.) – A religiosidad popular. I – Antropología e Historia. Barcelona: Antrophos, 1989.

MOREIRAª, Domingos Gomes – Parapsicologia e vida mental. Porto: Porto Editora, 1992.

MOREIRAᵇ, Osvaldo Heli – Epilepsia e Obsessão. In Associação Médico-Espírita do Brasil (ed.) – Saúde e Espiritismo (3ª ed.). São Paulo, 2004. pp.151-159.

MUSEU DE ALHANDRA – Museu de Alhandra – Casa Dr. Sousa Martins: Monografia. Alhandra: Museu de Alhandra, 1985.

NECER, Adelino Duarte – Fé ou paganismo? Sousa Martins: o povo agradecido. Ecos de Belém (Maio 1990). (1990)

NOBRE, Marlene Rossi Severino – Desafios em saúde mental e a contribuição da terapêutica espírita. In Associação Médico-Espírita de Minas Gerais, Desafios em saúde mental. Belo Horizonte: Editora Espírita Cristã Fonte Viva, 1996. pp.13-29.

NOBRE, Marlene Rossi Severino – Obsessões e psicopatologias. In Associação Médico--Espírita do Brasil (ed.) – Saúde e Espiritismo (3ª ed.). São Paulo, 2004. pp.161-200.

NOGUEIRA, Carlos – Aspectos de ex-voto pictórico português. Trabalhos de Antropologia e Etnologia. 45:3-4 (2005) 137-146.

NOVAES, Adenáuer Marcos Ferraz de – Reencarnação: Processo educativo. Bahia: Fundação Lar Harmonia, 1998.

OLIVEIRA, Sérgio Felipe de – Ansiedade, depressão e fobia. Revista Espírita Verdade e Luz. 1:3 (2005). 11-12.

Orações e preces para se conseguir o que se deseja. Barcelos: Ed. do Minho, 1993.

O pai dos pobres. A Capital (19/8/1987). 20:6199 [2ª série] 4.

PAIS, José Machado – Sousa Martins e suas memórias sociais. Sociologia de uma crença popular. Lisboa: Gradiva, 1994. 259 p.

PATRÍCIO, Ladislau – O sanatório Sousa Martins na Guarda. Separata do Boletim da Assistência Social (Janeiro-Dezembro 1963). 21:151-154 (1963).

PATRÍCIO, Ladislau – O Sanatório "Sousa Martins" na Guarda (Memórias). A Medicina Contemporânea. 81:3 (1963) 131-136; 81:12 (1963) 495-500; 82:3 (1964) 121-124; 82:12 (1964) 411-414; 84:2 (1966) 73-75.

PATRÍCIO, Ladislau – Tuberculose e Caridade. Guarda: Tip. e Pap. Popular, 1932.

PEREIRA, Ana Leonor; PITA, João Rui – No século das explosões científicas. In MATTOSO, José (dir.) - História de Portugal Vol. V. s/l: Círculo de Leitores, 1993, pp. 653-667.

PEREIRA, Pedro A. M. Teotónio – O culto do Dr. Sousa Martins: um estudo de caso de religião popular. Alhandra: Edição do Museu de Alhandra, 1996.

PERES, Juliane Prieto; PERES, Maria Júlia Prieto – Regressão de memória a traumas de vida intra-uterina e suas consequências. In Associação Médico-Espírita do Brasil (ed.) – Saúde e Espiritismo (3ª ed.). São Paulo, 2004. pp.263-275.

PINA, Luís de – História da história da medicina em Portugal. Lisboa: Separata da Imprensa Médica, 1956.

PIRES[a], José Cardoso – Balada da praia dos cães. Lisboa: D. Quixote, 1989.

PIRES[b], J. Herculano – Ciência espírita e suas implicações terapêuticas (5ª ed.). São Paulo: Edições USE, 1995.

PIRES[c], J. Herculano – Curso dinâmico de Espiritismo (4ª ed.). São Paulo: Editora Paidéia, 2000.

PIRES[d], Luís – Dr. Sousa Martins: médico e humanista. Em Foco Magazine – Suplemento de Notícias Médicas. 14:1371 (1985) IV-VII.

PITA, João Rui; PEREIRA, Ana Leonor - A Europa científica e a farmácia portuguesa na época contemporânea. Estudos do Século XX. 2 (2002) 231-266.

População recusa regresso de pelourinho histórico. Jornal de Notícias (28/3/2006) (2006) 23.

PRADA, Irvênia Luiza de Santis – Causas e mecanismos do processo obsessivo. In Associação Médico-Espírita do Brasil (ed.) – Saúde e Espiritismo (3ª ed.). São Paulo, 2004. pp.143-150.

R., J. - Figuras notáveis do Ribatejo: Sousa Martins. Vida Ribatejana. (1977) 22/4/1977

RASTEIRO, Alfredo – Egas Moniz, pupilas e queratoplastias, 1946. In PEREIRA, Ana Leonor; PITA, João Rui (orgs.) - Egas Moniz em livre exame. Coimbra: Minerva, 2000. pp. 331-341.

REIS, Jaime; MÓNICA, Maria Filomena; SANTOS, Maria de Lourdes Lima dos – O século XIX em Portugal – Comunicações ao colóquio organizado pelo Gabinete de Investigações Sociais. Lisboa: Editorial Presença / Gabinete de Investigações Sociais, 1979.

RIBEIRO, António – Longa viagem para o além. Semana Ilustrada (20/11/1989). 1:9 (1989) 18-23.

RIGONATTI, Eliseu – 52 lições de catecismo espírita. São Paulo: Editora Pensamento, s/d.

ROBERTO, Gilson Luís – Saúde: A visão abrangente do Espiritismo. Revista Espírita Verdade e Luz. 2:6 (2006). 12-13

RODRIGUES, Jane – Visão bio-psico-sócio-espiritual do ser. In Associação Médico-Espírita de Minas Gerais, Desafios em saúde mental. Belo Horizonte: Editora Espírita Cristã Fonte Viva, 1996. pp.49-65.

RODRIGUES, Santana – O Abade Faria e o mesmerismo. O Clínico. 1:11 (1948) 17-30.

RODRIGUES, Santana – O mesmerismo: o Abade Faria e o mesmerismo. Actas Ciba. 2 (1947) 66-72 UCBG 10-34-1-40

ROSA, António; OLIVEIRA, Paulo – Orações ao Dr. Sousa Martins. Carcavelos: Editoral Angelorum Novalis, 2004.

S. – Sousa Martins – O mártir do Campo dos Mártires. Diário de Notícias (18/9/1978). 14:40152 (1978) 9.

SALVADO, Maria Adelaide Neto – Tuberculose e idades do homem – a Serra da Estrela na vida, na obra e na morte de Sousa Martins. Medicina na Beira Interior. Da Pré--História ao Século XX – Cadernos de Cultura (Novembro de 1995). 9 (1955) 31-38.

O santo pagão. Visão (14/08/1997). 230 (1997) 68-70.

SANTOS, Costa; MARTINS, Paulo – Fantasma de Sousa Martins na Serra d'Aire. Diário Popular (15/10/1988). 47:15721 (1988) 1, 16-17.

SANTOS, Jorge Andréa – Fenómenos anímicos e mediúnicos: Sua estruturação biopsicológica. In Associação Médico-Espírita do Brasil (ed.) – Saúde e Espiritismo (3ª ed.). São Paulo, 2004. pp.121-126.

SCHEMBRI, José de – A patologia biofísica: Energia vital e saúde espiritual. In Associação Médico-Espírita de Minas Gerais, Desafios em saúde mental. Belo Horizonte: Editora Espírita Cristã Fonte Viva, 1996. pp.105-110.

SEABRA-DINIS, J. – O Abade Faria. Anais Portugueses de Psiquiatria. 12:12 (1960) 176-179.

SEABRA-DINIS, J. – O Abade Faria. Jornal do Médico. 31:721 (1956) 507-508.

Sida: O espiritismo esclarece. Revista Espírita Verdade e Luz. 2:8 (2006) 20-21.

SIEGEL, Bernie S. – Amor, medicina e milagres: lições de autocura retiradas da experiência de um cirurgião com pacientes excepcionais. Lisboa: Sinais de Fogo, 2004.

SILVA, César da; SANTOS, Corrêa dos - «Irmão» Sousa Martins venerado como santo. Diário Popular (9/10/1982). 41:13852 (1982) 11.

SILVA João Luiz da – Obsessão, kirliangrafia e fluidoterapia. In Associação Médico-Espírita do Brasil (ed.) – Saúde e Espiritismo (3ª ed.). São Paulo, 2004. pp.201-232.

SIMÕES[a], Cunha – Converse com os espíritos. Alcanena: Tipografia S. Pedro Lda, 2000.

SIMÕES[b], Cunha – Dr. Sousa Martins: curas e orações. Tomar: Prima, 1991.

SIMÕES[c], Cunha – Dr. Sousa Martins e o misterioso mundo dos espíritos. Alcanena: Cunha Simões, 1991.

SIMÕES[d], Cunha – Dr. Sousa Martins: Uma força sempre presente. Alcanena: Cunha Simões, 2006.

SIMÕES[e], Cunha – Invocações ao Dr. Sousa Martins. Alcanena: Cunha Simões, 1998.

SIMÕES[f], Cunha – A missão dos espíritos. Alcanena: Prima, 2000.

SIMÕES[g], Cunha – Orações ao Dr. Sousa Martins: Contra as doenças e os sofrimentos. Alcanena: Cunha Simões, 1996.

SIMÕES[h], Cunha – Os poderes sobrenaturais do Dr. Sousa Martins: A oração. Alcanena: Cunha Simões, 2000.

SIMÕES[i], Cunha – A reencarnação dos espíritos. Alcanena: Prima, 2003.

SIMÕES[j], Cunha – O segredo do Doutor Sousa Martins. Alcanena: prima, 2002.

SIMÕES[l], Cunha – Somos deuses ligados a Deus. Alcanena: Edições Cunha Simões, 2005.

SIMÕES[m], Cunha – Sousa Martins: Ser excepcional e uma luz do sobrenatural. Tomar: Prima, 1990.

SIMÕES[n], Cunha – Um santo sempre disponível – Orações de contacto. Alcanena: Prima, Lda., 2004.

SIMÕES, Mário; RESENDE, Mário; GONÇALVES, Sandra – Psicologia da consciência: Pesquisa e reflexão em Psicologia Transpessoal. Lisboa: Lidel, 2003.

SIMÕES, Rosemeire – Psicose e reencarnação. In Associação Médico-Espírita do Brasil (ed.) – Saúde e Espiritismo (3ª ed.). São Paulo, 2004. pp.253-261.

SOTTOMAYOR, Appio – Um homem bom de há cem anos. A Capital (25/8/1997). 30:9262 [2ª série] 10.

SOURNIA, Jean-Charles - História da Medicina. Lisboa: Instituto Piaget, 1995.

SOUSA, António de – Sousa Martins, santo do povo. Diário de Notícias (18/8//1997).133:46899 (1997) 16.

Sousa Martins. In Enciclopedia Universal Ilustrada Europeo Americana. LVII. Bilbao: Espasa-Calpes, S. A., 1927. p 710.

Sousa Martins. In Grande Enciclopédia Portuguesa e Brasileira. XXIX. Lisboa: Editorial Enciclopédia, Limitada, 1960. pp. 883-885.

Sousa Martins morreu há 86 anos. Vida Ribatejana (02/09/1983). 67:3208 (1983) 1,4.

Sousa Martins - Um vila-franquense que a morte transformou em «santo». O Primeiro de Janeiro (11/01/1983). 111:10 (1983) VI [Suplemento Regiões]

Sousa Martins e o seu desprezo pelos políticos. Vida Ribatejana (4/2/1983). 66:3179 (1983) 1.

Sousa Martins vai ser evocado. O Globo (9/2/1983). (1983) 14.

Sousa Martins: o «santo» médico. Nova Gente (12/4/1983). 342 (1983) 16.

SOUZA, Nelson Oliveira e - Dia dos Finados. Revista Espírita Verdade e Luz. 1:3 (2005) 4-5.

SOUZA, Roberto Lúcio Vieira de – Aspectos éticos e científicos da utilização da terapêutica espírita. In Associação Médico-Espírita de Minas Gerais, Desafios em saúde mental. Belo Horizonte: Editora Espírita Cristã Fonte Viva, 1996. pp.30-41.

TOMÁS, Pe – Ainda o caso de Sousa Martins. Vida Ribatejana 15/04/1983. 67:3183 (1983) 1,8.

TOURINHO, José de Ribamar – Mediunidade na Prática Médica II. In Associação Médico-Espírita do Brasil (ed.) – Saúde e Espiritismo (3ª ed.). São Paulo, 2004. pp.137-142.

TUBIANA, Maurice – História da medicina e do pensamento médico. Lisboa: Teorema, 2000.

VALDEMAR, António – Retrospectiva de Lúpi comemora centenário. Diário de Notícias (9/8/1984). 120:42149 (1984) 33.

VALDEMAR, António – Sousa Martins: diagnósticos na enfermaria... Diário de Notícias (4/5/1997). 133:46793 (1997) 26.

VALDEMAR, António – Sousa Martins: a retórica e a ciência. Diário de Notícias (17/8/1997). 133:46898 (1997) 17.

VARELLA, Manuel – Romarias de Portugal: Onde o sagrado continua a profano. s/l: –, s/d.

VIEIRA[a], Jorge – O médico que não morre. Observador (7/9/1973). 3:134 (1973) 52-54.

VIEIRA[b], Jorge – Houve festa em Alhandra, mas perdeu-se uma oportunidade paradebater Sousa Martins. Vida Ribatejana (1/4/1983). 67:3186 (1983) 3.

VIEIRA[c], Jorge – Nasceu há 143 anos... Sousa Martins ainda hoje tem os seus «clientes». Comércio do Porto (6/3/1982). 77:273 (1982) 8.

Periódicos Consultados

Acção
14/05/1965 «10 de Maio de 1898: É consagrada a memória do Doutor Sousa Martins», por Gentil Marques

Almanach Bertrand
1924 25 pp.76-77 « Uma anecdota de Sousa Martins»

Almanach Illustrado d'"O Século"
1898 pp.31-32 « Dr. Sousa Martins», por Barros e Silva

Almanach Illustrado do Occidente
1898 17 pp.28-30 « Dr. Souza Martins», por M. Bento de Sousa

Amatus Lusitanus
Abril 1943 2:4 pp.319-322 « Sousa Martins», por Reynaldo dos Santos

Anais Azevedo
1968 20:1 pp.3-11 «José Tomaz de Sousa Martins», por Pereira Forjaz

Análise Social
1991 XXVI(111):2 pp.431-439 «O sagrado e o drama», por João de Pina Cabral

O António Maria
18/08/1881 3:116 p.262 « Sousa Martins considerado santo»

Archivos de Medicina
25/08/l897 1:7 p.289 «Sousa Martins»

Branco e Negro
1897 2:73 pp.330-332 « Dr. Sousa Martins», por Domingos Guimarães

A Capital
28/02/1985 18:5458 pp.1,11 «Fieis pagam Casa Museu»
9/08/1987 20:6199 [2ª série] p.4 «O pai dos pobres»
20/02/1990 22:6954 pp.1,11 «Altar em casa leva crentes a Célia do Anjo»
10/12/1990 23:7194 [2ª série] pp.1,11 "«Irmão médico»: Dr. Sousa Martins passa «santo»"
08/03/1993 26:7868 [2ª série] p.10 «Milhares em romaria na vila de Alhandra»
25/08/1997 30:9262 [2ª série] p.10 «Um homem bom de há cem anos», por Appio
    Sottomayor.

Cavacos das Caldas
1897 30 pp.1-2 «Dr. José Thomaz de Souza Martins», por Belisario

Clínica, Higiene e Hidrologia
Abril 1943 9:4 pp.85-86 «No centenário de Sousa Martins», por Armando Narciso
Abril 1943 9:4 pp.110-111 «Sousa Martins: apóstolo da assistência médica», por
    Fernando Correia
Abril 1943 9:4 pp.111-118 «O exemplo de Sousa Martins», por Gilberto Monteiro
Abril 1943 9:4 p.119 «Centenário de Sousa Martins»

Comércio do Porto
03/03/1943 88:60 pp.1,5 «Sousa Martins», por O.P.
07/03/1943 88:64 pp.1-2 « No centenário dum sábio: O "sebenteiro" de Sousa
    Martins»
03/05/1943 88:119 p.1 « Um grande artista I», por Júlio Dantas
09/05/1943 88:125 p.1 « Um grande artista II», por Júlio Dantas
06/03/1982 77:273 p.8 "Nasceu há 143 anos... Sousa Martins ainda hoje tem os
    seus «clientes»", por Jorge Vieira

Correio da Manhã
18/10/1990 12:4193 pp.26-27 «"Irmão Mário Caetano" foi a Alhandra "falar" com
Sousa Martins», por Novais Granada

O Correio Medico de Lisboa
15/0871871 1:4 pp.44-45 [Resposta a carta de Sousa Martins], por Clemente dos Santos

Diário de Lisboa
25/04/1930 10:2773 pp.5,8 «O professor José Tomás de Sousa Martins tem em seu
    filho um autêntico sósia»
21/05/1930 10:2794 p.5 «O Conde de Mafra disse-nos que está convencido de que
    Sousa Martins não deixou filhos»

27/05/1930 10:2799 p.4 «Sousa Martins deixou ou não um filho?»
10/10/1935 15:4632 «O filho de Sousa Martins morreu hoje no hospital de S. José»
15/10/1935 15:4637 p.1 [Acerca do filho e do neto de Sousa Martins]
17/10/1935 15:4639 p.3 « O neto de Sousa Martins»
30/10/1935 15:4652 p.7 [Acerca do neto de Sousa Martins]
21/05/1937 17: 5208 p.1 [Carta de um alhandrense]
07/09/1940 20:6393 p.6 «O néto de Sousa Martins»
09/09/1940 20:6395 p.7 «A descendência de Sousa Martins»
09/01/1943 22:7230 pp.1,7 «A propósito de um centenário: A figura de Sousa
    Martins – o grande médico português – evocada nas recordações de infancia do
    actor Alves da Cunha»
06/03/1943 22:7285 pp.1-2 «Faz amanhã 100 anos que nasceu Sousa Martins: grande
    medico e professor e singular figura de português»
15/04/1943 23:7324 pp.1,6-7 «O elogio de Sousa Martins foi pronunciado por Julio
    Dantas na Academia das Ciências»
15/04/1943 23:7324 pp.9-10 «Ao coração mais amado... Duas cartas inéditas de
    Sousa Martins», por Cristovão de Sousa Pereira
27/07/1953 33:11009 p.9 «Há sempre flores no monumento a Sousa Martins »
09/03/1983 62:21098 p.10 «140.º centenário da morte de Sousa Martins assinalado
    com romagem à estátua e concerto»

Diário de Notícias
28/07/1881 17:5562 p.1 «Exploração scientifica da serra da Estrella: Noticia da sua
    organisação I»
29/07/1881 17:5563 p.1 «Expedição á serra da Estrella»
29/07/1881 17:5563 p.1 «Exploração scientifica da serra da Estrella: Noticia da sua
    organisação II»
30/07/1881 17:5564 p.1 «Commissão auxiliar da expedição scientifica á serra da Estrella»
30/07/1881 17:5564 p.1 «Exploração scientifica da serra da Estrella: Noticia da sua
    organisação III»
31/07/1881 17:5565 p.1 «Exploração scientifica da serra da Estrella: Noticia da sua
    organisação IV»
31/07/1881 17:5565 p.1 «Sociedade de Geographia de Lisboa: Expedição scientifica
    á serra da Estrella»
02/08/1881 17:5567 p.1 «Exploração á serra da Estrella»
03/08/1881 17:5568 p.1 «Expedição scientifica á serra da Estrella»
04/08/1881 17:5569 p.1 «Expedição scientifica á serra da Estrella»
04/08/1881 17:5569 p.1 «Sociedade de geographia»
05/08/1881 17:5570 p.1 «Expedição scientifica á serra da Estrella»
06/08/1881 17:5571 p.1 «Expedição scientifica á serra da Estrella»
06/08/1881 17:5571 p.1 «Sociedade de geographia»
07/08/1881 17:5572 p.1 «Expedição scientifica á serra da Estrella»
07/08/1881 17:5572 p.1 «Sociedade de geographia»
09/08/1881 17:5574 p.1 «Expedição scientifica á serra da Estrella»
09/08/1881 17:5574 p.1 «Sociedade de geographia»
10/08/1881 17:5575 p.1 «Sociedade de geographia»

11/08/1881 17:5576 p.1 «Expedição scientifica á serra da Estrella», por E.
11/08/1881 17:5576 p.1 «Sociedade de geographia»
12/08/1881 17:5577 p.1 «Expedição scientifica á serra da Estrella», por E.
12/08/1881 17:5577 p.1 «Sociedade de geographia»
13/08/1881 17:5578 p.1 «Expedição scientifica á serra da Estrella», por E.
13/08/1881 17:5578 p.1 «Sociedade de geographia»
14/08/1881 17:5579 p.1 «Expedição scientifica á serra da Estrella», por E.
14/08/1881 17:5579 p.1 «Sociedade de geographia»
15/08/1881 17:5580 p.1 «Expedição scientifica á serra da Estrella», por E.
15/08/1881 17:5580 p.1 «Sociedade de geographia»
16/08/1881 17:5581 p.1 «Expedição scientifica á serra da Estrella», por E.
16/08/1881 17:5581 p.1 «Sociedade de geographia»
17/08/1881 17:5582 p.1 «Expedição scientifica á serra da Estrella: Sociedade de geographia»
18/08/1881 17:5583 p.1 «Expedição scientifica á serra da Estrella», por E.
18/08/1881 17:5583 p.1 «Sociedade de geographia»
19/08/1881 17:5584 p.1 «Expedição scientifica á serra da Estrella», por E.
19/08/1881 17:5584 p.1 «Sociedade de geographia»
20/08/1881 17:5585 p.1 «Expedição scientifica á serra da Estrella: Sociedade de geographia»
21/08/1881 17:5586 p.1 «Expedição scientifica á serra da Estrella: Sociedade de geographia»
22/08/1881 17:5587 p.1 «Expedição scientifica á serra da Estrella: Sociedade de geographia»
24/08/1881 17:5589 p.1 «Quinze dias na serra da Estrella», por E.C.
25/08/1881 17:5590 p.1 «Quinze dias na serra da Estrella II», por E.C.
26/08/1881 17:5591 p.1 «Quinze dias na serra da Estrella III», por E.C.
27/08/1881 17:5592 p.1 «Quinze dias na serra da Estrella IV», por E.C.
28/08/1881 17:5593 p.1 «Quinze dias na serra da Estrella V», por E.C.
29/08/1881 17:5594 p.1 «Quinze dias na serra da Estrella VI», por E.C.
30/08/1881 17:5595 p.1 «Quinze dias na serra da Estrella VII», por E.C.
31/08/1881 17:5596 p.1 «Quinze dias na serra da Estrella VIII», por E.C.
02/09/1881 17:5598 p.1 «Quinze dias na serra da Estrella X», por E.C.
03/09/1881 17:5599 p.1 «Quinze dias na serra da Estrella XI», por E.C.
04/09/1881 17:5600 p.1 «Quinze dias na serra da Estrella XII», por E.C.
05/09/1881 17:5601 p.1 «Quinze dias na serra da Estrella XIII», por E.C.
06/09/1881 17:5602 p.1 «Quinze dias na serra da Estrella XIV», por E.C.
07/09/1881 17:5603 p.1 «Quinze dias na serra da Estrella XV», por E.C.
08/09/1881 17:5604 p.1 «Quinze dias na serra da Estrella XVI», por E.C.
09/09/1881 17:5605 p.1 «Quinze dias na serra da Estrella XVI», por E.C.
10/09/1881 17:5606 p.1 «Quinze dias na serra da Estrella XVII», por E.C.
11/09/1881 17:5607 p.1 «Quinze dias na serra da Estrella XVIII», por E.C.
12/09/1881 17:5608 p.1 «Quinze dias na serra da Estrella XIX», por E.C.
13/09/1881 17:5609 p.1 «Quinze dias na serra da Estrella XX», por E.C.
14/09/1881 17:5610 p.1 «Quinze dias na serra da Estrella XXI», por E.C.
15/09/1881 17:5611 p.1 «Quinze dias na serra da Estrella XXII», por E.C.
16/09/1881 17:5612 p.1 «Quinze dias na serra da Estrella XXIII», por E.C.
17/09/1881 17:5613 p.1 «Quinze dias na serra da Estrella XXIV», por E.C.
18/09/1881 17:5614 p.1 «Quinze dias na serra da Estrella XXIV», por E.C.
20/09/1881 17:5616 p.1 «Quinze dias na serra da Estrella XXV», por E.C.

21/09/1881 17:5606 p.1 «Quinze dias na serra da Estrella: As lendas da serra da Estrella», por F. A. Coelho
18/09/1978 14:40152 p.9 «Sousa Martins – O mártir do Campo dos Mártires», por S.
02/03/1983 19:41639 p.7 «Evocação de Sousa Martins»
09/08/1984 120:42149 p.33 «Retrospectiva de Lúpi comemora centenário», por António Valdemar
03/03/1985 121:42355 p.17 «Alhandra homenageia Sousa Martins»
10/07/1988 124:43575 p.33 «Curiosidades do campo dos Mártires da Pátria reveladas no passeio dos Amigos de Lisboa»
04/05/1997 133:46793 p.26 «Sousa Martins: diagnósticos na enfermaria...», por António Valdemar
17/08/1997 133:46898 p.17 «Sousa Martins: a retórica e a ciência», por António Valdemar
18/08/1997 133:46899 p.16 «Sousa Martins, santo do povo», por António de Sousa

Diário Illustrado
19/08/1897 26:8771 pp.1-2 «Sousa Martins»
20/08/1897 26:8772 p.3 «Sousa Martins»

Diário Popular
06/03/1943 1:161 pp.1,8 «Sousa Martins e a política», por Rocha Martins
07/03/1943 1:162 pp.1,6 «O povo de Alhandra comemorou o nascimento do prof. Sousa Martins – glória da medicina portuguesa»
01/09/1943 1:338 p.3 «Acerca de Sousa Martins», por Manuel Vilhena
16/12/1978 37:12711 pp.I, XIV, XV, XVIII, XIX «Clotilde, a mulher, diz-se nova demais para lhe chamarem bruxa», por João Alves da Costa e José Antunes
23/12/1978 37:12717 pp. X, XI, XV «O teste e o transe na madrugada no cemitério», por João Alves da Costa e José Antunes
30/12/1978 37:12722 pp. IV, V, XI «Os acessos de Sandra», por João Alves da Costa e José Antunes
30/12/1978 37:12722 pp. V, XII «O Dr. Sousa Martins visto pelo «Serapião» de Alhandra», por João Alves da Costa e José Antunes
30/12/1978 37:12722 pp. XXIII, XXV «Exorcismo e possessão», por João Alves da Costa e José Antunes
09/09/1980 38:13230 p.9 «Crendice e obscurantismo fazem de um morto um santo», por Carlos Abreu
09/10/1982 41:13852 p.11 "«Irmão» Sousa Martins venerado como santo", por César da Silva e Corrêa dos Santos
15/10/1988 47:15721 pp.1,16-17 «Fantasma de Sousa Martins na Serra d'Aire», por Costa Santos e Paulo Martins
06/03/1989 47:15838 pp.1,8-9 «Monumento a Sousa Martins já parece um cemitério», por David Lopes e Miranda Castela
08/03/1990 48:16139 pp.1,4-5 «Devoção», por David Lopes e Paula Viegas

Ecos de Belém
Maio 1990 «Fé ou paganismo? Sousa Martins: o povo agradecido», por Adelino Duarte Necer

Em Foco Magazine
1985 14:1371 pp.IV-VII «Dr. Sousa Martins: médico e humanista», por Luís Pires

Etnográfica
2001 5:2 pp.303-323 «Omulu em Lisboa: Etnografias para uma teoria da globalização», por Cristiana Bastos

O Globo
09/02/1983 p.14 «Sousa Martins vai ser evocado»

Imprensa Médica
25/02/1937 3:4 p.26 (Suplemento Artes, Letras e Medicina) «Sousa Martins», por António José d'Almeida
25/02/1937 3:4 p.30 «Hahneman», por Thomaz de Carvalho
25/02/1937 3:4 pp.49-61 «A Escola Médica do meu tempo (1898-1904)», por Henrique de Vilhena

Interfarma
Agosto 1985 3:24 pp.21-27 « Homens célebres da farmácia [José Thomaz de Sousa Martins]», por A. H. Da Paixão Melo

Jornal da Sociedade das Sciencias Médicas de Lisboa
1897 61:9-10 pp.261-263 «José Thomás de Sousa Martins (Presidente d'Esta Sociedade)»
1897 61:9-10 pp.263-264 [A propósito do falecimento de José Thomás de Sousa Martins], por José Joaquim da Silva Amado
1897 61:9-10 pp.264-265 [A propósito do falecimento de José Thomás de Sousa Martins], por Carlos Tavares
1897 61:9-10 pp.266-267 [A propósito do falecimento de José Thomás de Sousa Martins], por Eusébio Leão
1897 61:9-10 pp.268-272 «Manifestação da classe medica de Lisboa» [a proposito do falecimento de José Thomás de Sousa Martins]
1899 63:9-10 « Discurso pronunciado na Sociedade das Sciencias Medicas em 7 de Março de 1899 na sessão consagrada à memoria de José Thomaz de Sousa Martins», por José António Serrano
1943 107:1-12 pp.15-29 « Sousa Martins, orador», por Júlio Dantas
1943 107:1-12 pp.31-34 « Sousa Martins», por Toscano Rico

Jornal da Sociedade Pharmaceutica Lusitana
1868 pp.138-139 «Concurso na escola medico-cirurgica de Lisboa»
1897 p.79 «Dr. Sousa Martins»
1897 3 [11ªsérie] pp.141-146 « Sousa Martins»
1897 pp.165-166 « Sessão de 31 de Agosto de 1897», por Francisco Cortez
1897 pp.175-180 «Dr. Sousa Martins»
1897 pp.220-222 «Dr. Sousa Martins»

Jornal de Notícias
19/08/1897 10:195 p.1 «Dr. Souza Martins»
18/03/2006 p.23 «População recusa regresso de pelourinho histórico»

Jornal do Médico
1943 3:57 p.183 «Sousa Martins. Centenário do seu nascimento»
1943 3:59 pp.227-229 « Sousa Martins – médico do Hospital», por Alberto MacBride
1946 8:183 pp.222-224 «Abade Faria»

Jornal dos Farmacêuticos
1943 15-16 [sérieIII] pp.69-71 «Centenario do nascimento de José Thomas de Sousa
    Martins», por L.S.D.

A Mala da Europa
23/08/1897 4:85 p.3 «Sousa Martins»

Medicina Contemporânea
1897 15:35 pp.275-282 «Sousa Martins»
1897 15:38 pp.307-310 « Professor Jose Thomaz de Sousa Martins», por J.
    Bettencourt Ferreira
1899 17:11 pp.85-86 «Sousa Martins», por José António Serrano
1900 18:10 pp.77-86 « Monumento a Sousa Martins»
1924 42:48 pp.377-380 «Recordações cirurgicas de Barbosa, d'outros cirurgióes e do
    medico Sousa Martins», por Sabino Coelho
1924 42:50 pp.393-394 «Recordações cirurgicas de Barbosa, d'outros cirurgióes e do
    medico Sousa Martins», por Sabino Coelho
(1943 61:9 p.136 «Centenário do nascimento do Professor Sousa Martins»
1943 61:9 pp.136-137 «Centenário do nascimento do Professor Sousa Martins», por
    Moreira Júnior
1943 61:9 pp.138-138 «Centenário do nascimento do Professor Sousa Martins», por
    Azevedo Neves
1943 61:9 pp.138-139 «Relações entre Sousa Martins e a Academia», por Júlio Dantas
1943 61:9 pp.139-140 [Sousa Martins], por Toscano Rico
1943 61:9 pp.140-141 «A figura grandiosa e genial de Sousa Martins», por Azevedo Neves
1943 61:9 pp.141-143 «Sousa Martins – médico do Hospital», por Alberto MacBride
1943 61:9 pp.143-144 «A personalidade de Sousa Martins», por Diogo Furtado
1963 81:13 pp.131-136 «O Sanatório "Sousa Martins" na Guarda (Memórias)», por
    Ladislau Patrício
1963 81:12 pp.495-500 «O Sanatório "Sousa Martins" na Guarda (Memórias)», por
    Ladislau Patrício
1964 82:3 pp.121-124 «O Sanatório "Sousa Martins" na Guarda (Memórias)», por
    Ladislau Patrício
1964 82:12 pp.411-414 «O Sanatório "Sousa Martins" na Guarda (Memórias)», por
    Ladislau Patrício
1966 84:2 pp.73-75 «O Sanatório "Sousa Martins" na Guarda (Memórias)», por
Ladislau Patrício

Medicina Moderna
Setembro 1897 4:45 pp.69-70 «Souza Martins»

O Médico
24/06/1954 5:147 [Nova série] vol.II pp.465-466. [Suplemento] «Médicos que foram grandes escritores. II – O Dr. Sousa Martins», por Cláudio Correia de Oliveira Guimarães

Medicina na Beira Interior da Pré-História ao Século XX – Cadernos de Cultura
Novembro 1995 9 pp.31-38 «Tuberculose e idades do homem – a Serra da Estrela na vida, na obra e na morte de Sousa Martins», por Maria Adelaide Neto Salvado

Médicos Portugueses - Revista BioBibliografica
Maio 1926 1:3 pp.79-101 « Sousa Martins», por José de Magalhães
Maio 1926 1:3 pp.103-118 « Notas e anedotas», por Barros e Silva
Maio 1926 1:3 pp.119-120 «Notas de bibliografia sobre Sousa Martins», por Barros e Silva

O Mundo
31/07/1904 « Sousa Martins: Patriota», por Higino de Sousa

A Nação
19/08/1897 50:12467 p.2 «Souza Martins»
19/8/1897 50:12467 p.3 « Notas & impressões – Sousa Martins», por Ruy Gomes
20/08/1897 50:12468 p.2 «Souza Martins»
21/08/1897 50:12469 p.2 «Souza Martins»
22/08/1897 50:12470 p.2 «Souza Martins»
24/08/1897 50:12471 pp.2-3 «Souza Martins»
24/08/1897 50:12471 p.3 « À memoria de Sousa Martins», por Velhinho
25/08/1897 50:12472 p.2 «Souza Martins»
25/08/1897 50:12472 p.3 « Notas & impressões – O alcoolismo dos decadentes», por Ruy Gomes
26/08/1897 50:12473 p.2 «Souza Martins»
29/08/1897 50:12476 p.2 «Souza Martins»
31/08/1897 50:12477 p.2 [Agradecimentos de Gertrudes de Sousa Pereira e Maria Leonor Martins Pereira]
08/03/1900 53:13207 p.2 «O monumento a Sousa Martins»

Notícias Farmacêuticas
1943 9:1 pp.5-11 « José Thomaz de Sousa Martins», por José de Cisneiros e Faria

Nova Gente
12/04/1983 342 p.16 «Sousa Martins: o «santo» médico»
18/11/1998 1157 pp.63-66 «Cientista e santo popular», por E. Leão Maia e Helder Maia

Novidades
09/01/1890 «O enterro da mãe de Sousa Martins»
18/08/1897 13:4099 pp.1-2 «Sousa Martins»
19/08/1897 13:4100 p.2 «Sousa Martins»
20/08/1897 13:4101 pp.1-2 «Sousa Martins»
21/08/1897 13:4102 p.2 «Sousa Martins»
30/08/1897 20:672 pp.7,9 «Sousa Martins»
18/02/1943 57:15209 p.6 «Centenário do nascimento do dr. Sousa Martins»
07/03/1943 58:15226 p.6 «Centenário de Sousa Martins», por C.

Observador
07/09/1973 3:134 pp.52-54 «O médico que não morre», por Jorge Vieira

O Occidente
21/03/1890 13:405 p.70 «Grande subscripção nacional»
20/08/1897 20:671 p.179 «Sousa Martins», por João da Camara
20/08/1897 20:671 pp.179-180 «Sousa Martins – Notas biographicas», por R.

Pontos nos ii
15/01/1891 7:260 p.17 «Dr. Souza Martins»

Popular
19/08/1897 2:429 pp.1-2 « José Thomaz de Sousa Martins»
20/08/1897 2:430 pp.1-2 « Dr. Sousa Martins», por M.
25/08/1897 2:435 p.2 «Sousa Martins», por José Taibner
26/08/1897 2:436 p.2 «Sousa Martins»
28/08/1897 2:438 p.2 «Dr. Sousa Martins»

O Primeiro de Janeiro
11/01/1983 111:10 p.VI [Suplemento Regiões] "Um vila-franquense que a morte
transformou em «santo»"

Público
10/12/1990 1:281 p.26 «Igreja Velho-Católica canoniza médico: Sousa Martins já é
santo», por Victor Bandarra

Revista de Cultura Açoriana
1989 1:1 pp.65-72 «Antero de Quental e Sousa Martins», por Ana Maria Almeida Martins

Revista da Ordem dos Farmacêuticos
Maio-Junho 1997 17 pp.52-54 «Perfis. Sousa Martins», por Maria Fernanda de Brito

Revista Espírita Verdade e Luz
2005 1:3 pp.4-5 « Dia dos Finados », por Nelson Oliveira e Souza
2005 1:3 pp.11-12 « Ansiedade, depressão e fobia », por Sérgio Felipe de Oliveira
2005 1:3 pp.22-25 «A reencarnação», por Maria do Rosário Caeiro
2005 1:3 pp.30-31 «O espiritismo e o bem-estar social», por Frederico Dionísio

2006 2:6 pp.10-11 «A hereditariedade espiritual», por Frederico Dionísio
2006 2:6 pp.12-13 «Saúde: A visão abrangente do Espiritismo», por Gilson Luís Roberto
2006 2:8 pp.10-11 «Medicina espiritual», por Frederico Dionísio
2006 2:8 pp.20-21 «Sida: O espiritismo esclarece»
2006 2:8 p.36 «O que se deve procurar no espiritismo», por Amílcar Del Chiaro Filho

Revista Portuguesa de Cardiologia
1994 13:10 pp.787-789 «Recordando: os monumentos a Sousa Martins», por Luís
    da Silveira Botelho

O Século
22/07/1896 16:5218 p.1 «Sousa Martins»
19/08/1897 17:5603 p.1 « Morreu Sousa Martins!»
20/08/1897 17:5604 pp.1-2 «Sousa Martins»
21/08/1897 17:5605 p.1 «Sousa Martins»
22/08/1897 17:5606 p.3 «Sousa Martins»
23/08/1897 17:5607 p.1 «Sousa Martins»
25/08/1897 17:5609 p.2 «Sousa Martins»
26/08/1897 17:5610 p.4 «Sousa Martins»
28/08/1897 17:5612 p.2 «Dr. Sousa Martins»
30/08/1897 17:5614 p.1 «Sousa Martins»
02/09/1897 17:5617 p.1 «À memoria de Sousa Martins»
17/09/1897 17:5632 p.2 «Sousa Martins»
10/02/1900 20:6500 p.1 «Sousa Martins»
07/03/1900 20:6524 p.1 «Dr. Sousa Martins»
08/03/1900 20:6525 pp.1-2 «O monumento a Sousa Martins»
18/01/1901 20:6839 p.1 «Sousa Martins»
17/02/1943 63:21877 p.1 «A obra do Mestre», por Samuel Maia
07/03/1943 63:21895 pp.1,4 «Há cem anos, na ribeirinha Alhandra, nasceu o dr.
    Sousa Martins»
08/03/1943 63:21896 pp,1-2 «A homenagem do povo de Alhandra a Sousa Martins»
02/04/1943 63:21920 pp.1,3 «O Rei D. Carlos escreveu a Sousa Martins algumas
    curiosas cartas»
21/04/1943 63:21939 pp.1,4 «Sousa Martins: médico da eminente escritora Maria
    Amalia Vaz de Carvalho»

Século Ilustrado
1947 10:511 pp.24-25 « Sousa Martins: Médico, professor, orador inexcedivel e
homem de assombrosa actividade», por M. Neves

Semana Ilustrada
20/11/1989 1:9 pp.18-23 «Longa viagem para o além», por António Ribeiro

A Semana de Lisboa
15/1/1893 3 pp.17-19 « Rainha D. Maria Pia», por J. T. de Sousa Martins
26/02/1893 9 pp.65-67 «Dr. Sousa Martins», por M. Bento de Sousa

Tal & Qual
07/05/1982 96 pp.6,7 «A curandeira do Cacém »
20/03/1992 613 p.14 «Não sou bruxo», por João Ferreira

Tecnologia Médica
2002 1:1 pp.44-45 «João Tomaz Sousa Martins», por Avelino Fortes Espinheira

Tempo
24/08/1989 pp.9-11 «Um santo na via pública», por Filipe Jacinto e Noé Ramos

Trabalhos de Antropologia e Etnologia
2005 45:3-4 pp.137-146 «Aspectos de ex-voto pictórico português», por Carlos Nogueira

Vanguarda
20/08/1897 II(7):279(2224) pp.1-2 «Dr. Sousa Martins»

Vida Ribatejana
28/02/1943 27:1073 p.1 «Dr. Sousa Martins: O centenário do seu nascimento», por
M. Mendes
07/03/1943 27:1074 p.1 «O centenário do nascimento do Dr. Sousa Martins é hoje
comemorado»
08/03/1943 27:1075 pp.1-2 «O 1º centenário do nascimento do Dr. Sousa Martins
foi comemorado em Alhandra com invulgar brilho e dignidade»
28/03/1943 27:1077 pp.1,4 «Dr. Sousa Martins e o seu monumento em Alhandra»,
por M. Mendes
28/03/1943 27:1077 p.2 «Dr. Sousa Martins»
10/07/1943 [número especial dedicado à festa do colete encarnado]. 27:1101/12
[pp.29-30] «No centenário do nascimento do Dr. Sousa Martins: A homenagem
da Casa do Ribatejo a um grande ribatejano e ilustre filho de Alhandra»
10/07/1943 [número especial dedicado à festa do colete encarnado]. 27:1101/12
[p.11] «Quais as causas da morte do Dr. Sousa Martins?»
22/4/1977 «Figuras notáveis do Ribatejo: Sousa Martins», por J.R.
04/02/1983 66:3179 p.1 «Sousa Martins e o seu desprezo pelos políticos»
01/04/1983 67:3186 p.3 «Houve festa em Alhandra, mas perdeu-se uma oportunidade para debater Sousa Martins», por Jorge Vieira
15/04/1983 67:3188 p.1,8 «Ainda o caso Sousa Martins», por Pe Tomás
15/04/1983 «Flagrantes contrastes», por Johano
02/09/1983 67:3208 pp.1,4 «Sousa Martins morreu há 86 anos»
11/03/1983 67:3183 p.8 «Alhandra rebentou pelas costuras – Sousa Martins: Romaria do 7 de Março»
13/03/1983 67:3184 pp.1,8 «Ainda a evocação de Sousa Martins: Pároco de Alhandra
admira o sábio mas não pactua com a «crendice popular»»

Visão
14/08/1997 230 pp.68-70 «O santo pagão»

Endereços electrónicos

http://arquivomunicipal.cm-lisboa.pt
Arquivo Municipal de Lisboa

http://diariodonordeste.globo.com/
Diário do Nordeste » Chico Xavier

http://dn.sapo.pt/2007/01/30/nacional/as_mulheres_saem_tristes_porque_abor.html
Diário de Notícias Online (30/01/2007) – Santos, Sónia Morais; Fox, Nuno – "As
    mulheres saem tristes porque abortar não é como quem come pastéis"

http://ecclesiavetcat.no.sapo.pt
Igreja Apostólica Episcopal

http://enresinados.weblog.com.pt/arquivo/2005/03/o_grande_sousa.html
Blog Enresinados – Frogas – O grande Sousa Martins

http://epicentro.blogs.sapo.pt/2005/07/
Blog Epicentro – Galinhola – A Fátima eu fui

http://estrelaguia-anjos.com/estrela_guia/oracoes/martins.htm
Estrela Guia (Barros, Daniela) – Orações ao espírito de luz Dr. Sousa Martins

http://formiguinha.blogs.sapo.pt/441393.html
Blog Formiguinha Atómica – Imagem: Os rebuçados Dr. Sousa Martins

http://fotojornalismos.blogspot.com/2006/01/sousa-martins-o-mdico-que-se-fez-
    -santo.html
Fotojornalismos –Pinheiro, Gonçalo Lobo [Fotografia] – Sousa Martins: O médico
    que se fez santo

http://fotos.sapo.pt/portosanto/pic/000c4rqz/
Porto Santo: Álbuns: Lisboa – Elevador versus Sousa Martins

http://jmp.home.sapo.pt/sousamartins.html
Pais, José Machado – Sousa Martins e suas memórias sociais

http://novafloresta.blogspot.com/2005/07/lugares-de-culto-o-dr-sousa-martins.html
Blog Nova Floresta – Bonifácio, Luís – Lugares de Culto: O Dr. Sousa Martins

http://por-um-fio-invisivel.blogspot.com/2006/04/de-manh-o-fiel-e-douto-topsius-
    veio-de.html
Blog Por um Fio – Foto pormenor da Estátua de Sousa Martins, no Campo dos
    Mártires da Pátria

http://pt.wikipedia.org
Enciclopédia livre on-line

http://purl.pt/4255
Biblioteca Nacional Digital – Pastor, Francisco - Gravura de Sousa Martins

http://viridarium.blogspot.com/2006/11/na-caixa-do-correio-grandes.html
Blog Viridarium – Correia, Clara Pinto – De materialista a santo

http://www.adeportugal.org
Associação de Divulgadores de Espiritismo em Portugal

http://www.aeiou.pt/registos/d/Dr_Sousa_Martins.html
Dr. Sousa Martins

http://www.aeiou.pt/registos/h/Homenagem_ao_Dr_Sousa_Martins.html
Homenagem ao Dr. Sousa Martins

http://www.alhandra.net/
Alhandra: Uma vila com oito séculos de história

http://www.amebrasil.org.br/
Associação Médico-Espírita do Brasil
http://www.asbeiras.pt/?area=guarda&numero=41661&ed=19042007
Diário As Beiras On-line (19/4/2007) – Guarda: Recriação histórica evoca 100 anos
    do sanatório

http://www.casadobruxo.com.br/religa/espiritismo.htm
Casa do Bruxo – Portal de poesia e esoterismo

http://www.ceca.web.pt
Grupo Espírita Caridade por Amor (Porto)

http://www.clap.org.br
Centro Latino Americano de Parapsicologia – Pe Quevedo (São Paulo)

http://www.cunhasimoes.net
Cunha Simões

http://www.eb1-augusto-gil.rcts.pt/regiao.htm
EB1 Augusto Gil (Guarda) - A nossa região... O sanatório Sousa Martins

http://www.eb1-sta-zita.rcts.pt/eb1-santa_zita/projecto.htm
Escola EB1 de Santa Zita (Guarda) – Projecto - Texto acerca do sanatório Sousa
    Martins

http://www.eb23-sta-clara-guarda.rcts.pt/sousamartins.htm
Agrupamento de Escolas da Área Urbana da Guarda – Rosa, Joana – Sousa
   Martins

http://www.espirito.org.br
Portal do Espírito

http://www.espirito.org.br/portal/artigos/orson/doencaecura.html
Portal do Espírito – Carrara, Orson Peter – Doença e cura

http://www.espirito.org.br/portal/palestras/celd/a-doenca-a-cura.html
Portal do Espírito – Cruz, Aparecida – A doença, a cura e a prevenção

http://www.ensp.unl.pt/lgraca/textos178.html
Escola Nacional de Saúde Pública (Universidade Nova de Lisboa) – Graça, L – A
   vida de um médico português na Belle Époque (2005).

http://www.feal.com.br/cronica_internauta.php?men_id=54
Fundação Espírita André Luiz – Forti, Jefferson Kleber – Encarando a doença

http://www.geb-portugal.org
Grupo Espírita Batuíra (Algés)
http://www.glosk.com/PO/Alhandra/-2991197/pages/José_Tomás_de_Sousa_Martins/
   11283_pt.htm
Glosk Indexando o planeta – Alhandra, distrito de Lisboa, Portugal – José Tomás de
   Sousa Martins

http://www.grupoespiritacaridade.org.br
Grupo Espírita Caridade

http://www.isinet.com.br/clap/dicionario/dicionario.asp
Dicionário de Parapsicologia

http://www.lema.not.br/indexxq2.php?artigo=faq&acao=resposta&sub=&princi=&recstart=0&q_id=250
Legião Espiritual e Material de Ajuda – Cirurgia Espiritual

http://www.mlalbuquerque.com
Maria Luísa Albuquerque

http://www.museusousamartins.org
Museu de Alhandra – Casa Dr. Sousa Martins

http://www.panoramaespirita.com.br/modules/smartsection/item.php?itemid=7883
Panorama Espírita – Garcia, Wilson – Curas: Uma visão moderna da terapia dos
   Espíritos

http://www.panoramio.com/photo/503485
Foto de Brian T – Memorial to Dr. José Tomás de Sousa Martins, Campo dos Mártires da Pátria, Lisbon

http://www.pbase.com/diasdosreis/lisboa_estatuaria&page=2
Galerias de Fotos » Dia dos Reis Fotografias » Estatuária de Lisboa » Dr. Sousa Martins e a Faculdade de Medicina; Forms of Thankfulness

http://www.perispirito.com.br/
Zimmermann, Zalmino – Perispirito. São Paulo: Centro Espírita Allan Kardec, 2000.

http://www.phoenixtn.net/whitepapers.jsp, 2002
PITA, João Rui – Sanitary normalization in Portugal: Pharmacies, pharmacopoeias and medicines (19th-20th centuries). In Papers presented at the seminar "European Health and Social welfare Policies"

http://www.revista.agulha.nom.br/ag55pires.htm
Revista de Cultura Agulha – Nascimento, Flávia – Apontamentos sobre a Lisboa palimpsesto de José Cardoso Pires

http://www.rtp.pt/gdesport/?article=422&visual=3&topic=1
RTP – Os grandes portugueses: Sousa Martins

http://www.sapo.livrosnovalis.com/product_info.php?cPath=24&products_id=97
Editora Angelorum Novalis – Orações ao Dr. Sousa Martins

http://www.terraespiritual.locaweb.com.br/
Terra Espiritual